新一代人工智能 2030 全景科普丛书

智能农业

苏中滨 著

U0302196

科学技术文献出版社
SCIENTIFIC AND TECHNICAL DOCUMENTATION PRESS

·北京·

图书在版编目（CIP）数据

智能农业 / 苏中滨著 . —北京：科学技术文献出版社，2023. 9
 ISBN 978-7-5235-0487-1

Ⅰ.①智… Ⅱ.①苏… Ⅲ.①智能技术—应用—农业技术 Ⅳ.① S-39

中国国家版本馆 CIP 数据核字（2023）第 132862 号

智能农业

策划编辑：崔　静　　责任编辑：李　鑫　　责任校对：张永霞　　责任出版：张志平

出　版　者　科学技术文献出版社
地　　　址　北京市复兴路15号　　邮编　100038
编　务　部　（010）58882938，58882087（传真）
发　行　部　（010）58882868，58882870（传真）
邮　购　部　（010）58882873
官 方 网 址　www.stdp.com.cn
发　行　者　科学技术文献出版社发行　全国各地新华书店经销
印　刷　者　北京时尚印佳彩色印刷有限公司
版　　　次　2023 年 9 月第 1 版　2023 年 9 月第 1 次印刷
开　　　本　710×1000　1/16
字　　　数　186千
印　　　张　15.75
书　　　号　ISBN 978-7-5235-0487-1
定　　　价　68.00元

总　序

　　人工智能是指利用计算机模拟、延伸和扩展人的智能的理论、方法、技术及应用系统。人工智能虽然是计算机科学的一个分支，但它的研究跨越计算机学、脑科学、神经生理学、认知科学、行为科学和数学，以及信息论、控制论和系统论等许多学科领域，具有高度交叉性。此外，人工智能又是一种基础性的技术，具有广泛渗透性。当前，以计算机视觉、机器学习、知识图谱、自然语言处理等为代表的人工智能技术已逐步应用到制造、金融、医疗、交通、安全、智慧城市等领域。未来随着技术的不断迭代更新，人工智能应用场景将更为广泛，渗透到经济社会发展的方方面面。

　　人工智能的发展并非一帆风顺。自 1956 年在达特茅斯夏季人工智能研究会议上人工智能概念被首次提出以来，人工智能经历了 20 世纪 50 至 60 年代和 80 年代两次浪潮期，也经历过 70 年代和 90 年代两次沉寂期。近年来，随着数据爆发式的增长、计算能力的大幅提升及深度学习算法的发展和成熟，当前已经迎来了人工智能概念出现以来的第三个浪潮期。

　　人工智能是新一轮科技革命和产业变革的核心驱动力，将进一步释放历次科技革命和产业变革积蓄的巨大能量，并创造新的强大引擎，重构生产、分配、交换、消费等经济活动各环节，形成从宏观到微观各领域的智能化新需求，催生新技术、新产品、新产业、新业态、新模式。2018 年麦肯锡发布的研究报告显示，到 2030 年，人工智能新增经济规模将达 13 万亿美元，其对全球经济增长的贡献可与其他变革性技术（如蒸汽机）相媲美。近年来，世界主要发达国家已经把发展人工智能作为提升其国家竞争力、维护国家安全的重要战略，并进行针对性布局，力图在新一轮国际科技竞争中掌握主导权。

德国 2012 年发布十项未来高科技战略计划，以"智能工厂"为重心的工业 4.0 是其中的重要计划之一，包括人工智能、工业机器人、物联网、云计算、大数据、3D 打印等在内的技术得到大力支持。英国 2013 年将"机器人技术及自治化系统"列入了"八项伟大的科技"计划，宣布要力争成为第四次工业革命的全球领导者。美国 2016 年 10 月发布《为人工智能的未来做好准备》《国家人工智能研究与发展战略规划》两份报告，将人工智能上升到国家战略高度，为国家资助的人工智能研究和发展制定策略，确定了美国在人工智能领域的七项长期战略。日本 2017 年制定了人工智能产业化路线图，计划分 3 个阶段推进利用人工智能技术，大幅提高制造业、物流、医疗和护理行业的效率。法国 2018 年 3 月公布人工智能发展战略，拟从人才培养、数据开放、资金扶持及伦理建设等方面入手，将法国打造成人工智能研发方面的世界一流强国。欧盟委员会 2018 年 4 月发布《欧盟人工智能》政策文件，制订了欧盟人工智能行动计划，提出增强技术与产业能力、为迎接社会经济变革做好准备、确立合适的伦理和法律框架三大目标。

党的十八大以来，习近平总书记把创新摆在国家发展全局的核心位置，高度重视人工智能发展，多次谈及人工智能的重要性，为人工智能如何赋能新时代指明方向。2016 年 8 月，国务院印发《"十三五"国家科技创新规划》，明确人工智能作为发展新一代信息技术的主要方向。2017 年 7 月，国务院印发《新一代人工智能发展规划》，从基础研究、技术研发、应用推广、产业发展、基础设施体系建设等方面提出了六大重点任务，目标是到 2030 年使中国成为世界主要人工智能创新中心。截至 2018 年年底，全国超过 20 个省市发布了 30 余项人工智能的专项指导意见和扶持政策。

当前，我国人工智能正迎来史上最好的发展时期，技术创新日益活跃、产业规模逐步壮大、应用领域不断拓展。在技术研发方面，深度学习算法不断精进，智能芯片、语音识别、计算机视觉等部分领域走在世界前列。2017—2018 年，中国在人工智能领域的专利总数连续两年超过了美国和日本。在产业发展方面，截至 2018 年上半年，国内人工智能企业总数达 1040 家，位居世界第二。在智能芯片、计算机视觉、自动驾驶等领域，涌现了寒武纪、旷视等一批独角兽企业。在应用领域，伴随着算法、算力的不断演进和提升，越来越多的产品和应用落地，比较典型的产品有语音交互类产品（如智能音箱、智能语音助理、智能车载系统等）、智能机器人、无人机、无人驾驶汽车等。人工智能的应用范围则更加广泛，目前已经在制造、医疗、金融、教育、安防、商业、智能家居等多个垂直领域得到应用。总体来说，目前我国在各种人工智能应用开发方面发展非常迅速，但在基础研究、原创成果、顶尖人才、技术生态、基础平台、标准规范等方面，距离世界领先水平还存在明显差距。

1956 年，在美国达特茅斯会议上首次提出人工智能的概念时，互联网还没有诞生。今天，新一轮科技革命和产业变革方兴未艾，大数据、物联网、深度学习等词语已为公众所熟知。未来，人工智能将对世界带来颠覆性的变化，它不再是科幻小说里令人惊叹的场景，也不再是新闻媒体上"耸人听闻"的头条，而是实实在在地来到我们身边。它为我们处理高危险、高重复性和高精度的工作，为我们做饭、驾驶、看病，陪我们聊天，甚至帮助我们突破空间、表象、时间的局限，见所未见，赋予我们新的能力……

这一切，既让我们兴奋和充满期待，同时又让我们有些担忧、不安乃至惶恐。就业替代、安全威胁、数据隐私、算法歧视……人工智能的发展和大规模应用也会带来一系列已知和未知的挑战。但不管怎样，人工智能的开始按钮已经按下，而且将永不停止。管理学大师彼得·德鲁克说："预测将来最好的方式就是创造未来。"别人等风来，我们造风起。只要我们不忘初心，为了人工智能终将创造的所有美好全力奔跑，相信在不远的将来，人工智能将不再是以太网中跃动的字节和 CPU 中孱弱的灵魂，它就在我们身边，就在我们眼前。"遇见你，便是遇见了美好。"

"新一代人工智能 2030 全景科普丛书"力图向我们展现 30 年后智能时代人类生产生活的广阔画卷，它描绘了来自未来的智能农业、制造、能源、汽车、物流、交通、家居、教育、商务、金融、健康、安防、政务、法庭、环保等令人赞叹的经济、社会场景，以及无所不在的智能机器人和伸手可及的智能基础设施。同时，我们还能通过这套丛书了解人工智能发展所带来的法律法规、伦理规范的挑战及应对举措。

本套丛书能及时和广大读者、同仁见面，应该说是集众人智慧。他们主要是本套丛书的作者、为本套丛书提供研究成果资料的专家，以及许多业内人士。在此对他们的辛苦和付出一并表示衷心的感谢！由于时间、精力有限，丛书中定有一些不当之处，敬请读者批评指正！

赵志耘

2019 年 8 月 29 日

前　言

　　人工智能是研究、开发用于模拟、延伸和扩展人类智能的理论、方法、技术及应用系统的一门新的技术科学，它的主要目标是使机器能够完成一些以往需要人类智能才能胜任的复杂性的工作。人工智能已成为自动化、电气化和信息化之后新一轮工业革命的基石，而人工智能的应用亦非仅在工业领域，在教育、医疗和金融领域都是革命性的技术创新。人类最古老的农业领域，在历经原始文明、农业文明、工业文明至生态文明的发展之后，从传统农业逐渐发展到现代农业阶段，我国现代农业发展也历经从农业 1.0 到农业 4.0 的时代。2022 年联合国五家机构联合发布的《世界粮食安全和营养状况》报告称，2021 年，全球受饥饿影响人数增加到 8.28 亿人，占世界人口总数的 9.8%。到 2050 年，全球人口将要达到 90 亿人，这意味着我们生产的粮食热量需要增长 60%。因此，农业领域面临的挑战对人类来说仍然比其他领域更为严峻，需要以科学技术为主导助推现代农业生产的转型发展。让农业插上科技的翅膀，需要融合物联网、大数据、移动互联、云计算与空间信息等新一代信息技术，变革农业信息感知、生产作业、决策管理、销售等农业活动关键环节。极其幸运的是，人工智能时代的来临，为现代农业生产发展迎来了崭新机遇与蓬勃生机。

　　人工智能在农业领域的研发及应用始于 21 世纪初，涵盖农业生产多个领域，如大田种植领域，以卫星遥感、无人机、近地传感器和手持装备等的农业信息感知、智能作业等技术与装备；设施农业种植领域，涉及环境监测与控制、果蔬采摘与管理机器人等技术与装备；畜禽养殖领域，涉及智能穿戴设备、精准饲喂、环境调控等技术与装备；渔业领域，涉及海洋捕捞、精准定位、人工养殖水质监测等技术与装备；以及智能决策和灾害预测预报等。智能化技术在农业领域的应用正在颠覆农业生产方式，以提高产出和效率，减少农药、化肥、抗生素的使用为目的，正在加速推进现代农业向智能化、标准化、绿色生态、低成本、高效率方向发展的进程。

为了推进智能农业应用及研究的发展，结合笔者近年来在农业智能化技术应用研究中的实践经历和对智能农业的理解编著此书。本书共分 12 章，第一章介绍农业时代转型发展、我国及世界重要农业强国农业发展历程及特点；第二章总体介绍人工智能技术在哪些农业生产领域引领变革，让农业插上人工智能的翅膀；第三至第八章以种植业为主，从涵盖农业资源要素可视化、空天地一体化农情综合监测、农业生产智能决策、智能农机装备、粮食产业链全程精准监控及消费驱动型智能农业（产销）六大方面，详细介绍了人工智能技术在农业数据监测、智能决策、作业装备和产销模式上，如何发挥诸如"眼睛""大脑""手脚"的智能主体分工与协同作用来推进现代农业的生产进程；第九至第十一章以工厂化智慧生产（畜禽养殖、设施农业、水产）为主，介绍了智慧养殖、设施农业、智慧水产养殖的国内外发展现状与典型案例；第十二章从笔者多年来开展智能农业技术研究及实践的视角，提出中国现代农业及农业强国建设发展存在的问题及发展路径。

本书由东北农业大学电气与信息学院的苏中滨教授主笔撰写。在本书编写过程中，得到了相关领域专家学者的帮助与指导，在此表示感谢。

限于笔者的学识水平，书中难免存在不足或不当之处，敬请广大读者批评指正，以共同推进智能农业技术的发展。

苏中滨

2023 年 4 月 20 日

目　录

第一章

时代变迁：从传统农业到现代农业

　　农业是人类生存和发展的基础，从茹毛饮血到物阜民熙，从钻木取火到万物互联，在现代农业的发展历程中，科学技术已成为现代农业生产的主导要素。对比世界农业强国，中国提出了加快建设农业强国的总体要求和具体安排，释放了加快建设农业强国信号。2023 年 2 月 13 日，中央发布一号文件提出"强国必先强农，农强方能国强"的总体方针。本章以农业发展时代变迁为线索，把握现代农业发展脉络，对比世界农业强国发展路径，探索中国农业发展道路。

第一节　农业文明是人类文明进步的基石

　　原始人类从早期的农业实践中逐步产生了分工，进化出了文明。数十万年前我们从农业中来，开创了后世五千多年历史的中华文明，让中华文明成了世界四大古老文明中唯一未曾中断、绵延至今的文明。农业文明是人类文明进步的基石。全人类的文明发展史主要经历了原始文明、农业文明、工业文明及当今的生态文明 4 个重要阶段，如图 1-1 所示。

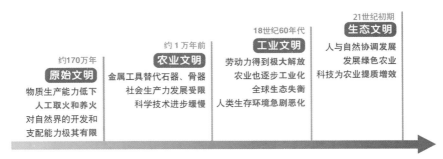

图 1-1 农业文明的发展阶段

一、原始文明：人类匍匐在自然脚下

人类从动物界分化出来以后，经历了几百万年的原始社会，通常把这一阶段的文明称为原始文明或渔猎文明。因为原始人的物质生产能力非常低下，以生存为驱动力，自然界人化的过程也随之缓慢进行。在这一漫长的时期，人化自然最具代表性的成就是人工取火和养火，如图 1-2 所示。恩格斯曾说，"摩擦生火第一次使人支配了一种自然力，从而最终把人同动物界分开"。在原始社会，尽管人类展示在自然界面前的形象是已具有自觉能动性的主体，但是由于缺乏强大的物质和精神手段，对自然界的开发和支配能力极其有限。

图 1-2 原始人钻木取火

二、农业文明：人类初步开发自然

农业文明时期，人类通过农耕和畜牧改造自然，逐渐开始学会利用畜力、风力、水力等资源，用金属工具取代石器、骨器，并且掌握了基本的农业技能[①]。这一时期的人类和自然处于初级平衡状态，物质生产活动缺乏根本性的变革和改造，对自然的开发过程中破坏性小。但是，此时的社会生产力发展和科学技术进步比较缓慢，生产效率低下，作为劳动主体的人类无法从繁重的农业生产活动中得到解放。

三、工业文明：人类试图"征服"自然

伴随着资产阶级革命，英国的第一次工业革命彻底将人类推入工业文明时代。科学技术革命使劳动力得到极大解放，人们开始大规模地开采各种矿产资源，广泛、高效地利用化石能，进行机械化大生产，并以工业武装农业，使农业也逐步工业化[②]。人类开始逐渐认识到科学技术的先进性带来的便利，但是却错误认知了人与自然的关系。工业文明对自然造成的破坏是空前严重、几乎不可逆的。工业文明导致的全球生态失衡使得人类生存环境急剧恶化，人与生态环境的关系也悄然发生了改变。

四、生态文明：人类与自然协调发展

人类不是自然的主人，只有人与自然相互协调共同发展，才能保证人类族群的延续。农业带来食物，满足人类最基本的生存需求，同时农业也是人类用经验和劳动与大自然第一次交接成功的产业。因此，发达国家、发展中国家都将发展绿色农业，将实现低碳转型视作关键，

---

① 参考图片：晋祠台骀庙古代农民农耕壁画，来源：http://11533043.s21i.faiusr. com/4/ABUIABAEGAAg3pTe-AUosMOOmgQwwAY4ygM.png。
② 20世纪中叶的苏联农业机械化，参考图片：http://5b0988e595225.cdn.sohucs. com/images/20190114/5fbda4cdf76342f4b43fb5550da2202e.png。

而如何保护农业水土资源，治理农业面源污染，修复农业生态系统已成为重要研究课题。如果没有绿色发展技术支撑，生态文明建设是不可能实现的。人工智能、物联网、大数据等为农业提质增效提供了强有力的技术支撑，同时催生出对环境更友好的设施农业、循环农业、数字农业等低碳、少污染的绿色、高效、智能化、可持续发展的生态农业，是人类文明发展中的更高阶段，这一阶段以无人智慧生态农场为代表，如图1-3所示。

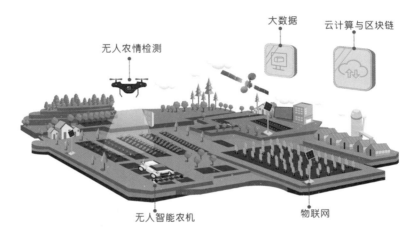

图1-3 无人智慧生态农场

纵观人类文明发展史，农业文明是人类脱离了动物界的发展道路，走向较高智能化社会发展的最重要的分水岭。农业文明孕育了工业文明，从这个角度看，其对人类发展的意义并不亚于工业文明，是人类文明进步的重要基石。

五、农业在国家发展中的基础性关键作用

"民为国基，谷为民命"，自古以来，粮食安全始终是人类生存发展的根本性问题。谁拥有粮食，谁就拥有了绝对的话语权。纵观古今，无论是从古代行军打仗还是现代国家的粮食霸权问题，足以说明农业

在国家发展中的基础关键性作用。粮食霸权是全球农业发展不平衡导致的，主要粮食的生产和出口集中在少数国家和地区，法国、阿根廷、澳大利亚、捷克、美国，这些国家有着较高的粮食自给率，是农业出口大国。发达国家对农业的高额补贴不仅加剧了国际粮食市场上的不公平竞争，也冲击了发展中国家的粮食产业发展，美国工业化的农业生产模式大大压低了农产品的成本。这些国家的农产品具有较强的出口优势，冲击着欠发达国家的农业贸易，甚至使欠发达国家的粮食完全依赖于进口。近年来，受新冠疫情、地缘政治冲突、贸易保护主义等因素影响，全球粮食供应链遭受严重冲击。全球粮食定价权垄断，导致粮食可得性进一步降低，很多低收入国家陷入"买不到粮""买不起粮"的困境。

中国一直把粮食安全作为头等大事，坚持粮食自给自足，并且坚守 18 亿亩耕地红线不动摇。2019 年，中国粮食四大分区中，北方七省粮食主产区占粮食总产的 50.1%，人均产粮达到 696 公斤，是端牢"中国饭碗"货真价实的保障。2022 年，中国人均粮食产量达到 483.5 公斤，超出国际公认的"400 公斤"粮食安全线 83.5 公斤。400 公斤只是一条"吃饱"的线，但是"吃好"的线，目前国际上还没有标准。如果以发达国家人均粮食消费量 800 公斤为标准，中国距离"吃好"仍有不小的距离。

那么，中国如何用不到世界 1/10 的耕地，养活超过世界 1/5 的人口，并且让中国人"吃好"的呢？答案是必须强化现代农业科技和装备支撑，将数字化技术贯穿于农业生产的全产业链中，走出一条适合中国国情的现代农业发展之路，提高生产效率、提升粮食产出率、增强抗自然灾害风险能力，从而保障粮食安全的战略性突出地位，牢牢把握粮食生产的主动权，切实守住管好"天下粮仓"，保障中国 14 亿人的粮食安全。

第二节 中国现代农业发展的总体历程及趋势

2019 年 10 月 14 日，国务院新闻办公室发布《中国的粮食安全》白皮书，其中提到自新中国成立以来，中国在农业发展上取得的诸多成就：粮食产量稳步增长，谷物供应基本自给，粮食储备能力显著增强，居民健康营养状况明显改善，贫困人口吃饭问题有效解决。白皮书中提及，2019 年中国人均粮食占有量达到 470 公斤左右，比 1949 年新中国成立时的 209 公斤增长了 126%，高于世界平均水平。中国从"吃不饱"到"吃得饱"，再到"吃得好"的转变，讲述着现代农业发展模式和进化趋势。

一、现代农业发展历程

现代农业经历了从分散式生产到规模化生产，从"孤军奋战"到"众人拾柴"，由传统经验型、规模效益型、绿色精准型向着五优联动智慧型的发展历程。借鉴德国政府提出的"工业 4.0"概念与工业信息化的重要作用，以物联网、大数据、移动互联、云计算技术为支撑的农业信息化时代已然到来。农业 1.0 是传统经验型农业，农业 2.0 是规模效益型农业，农业 3.0 是绿色精准型农业，农业 4.0 是五优联动智慧型农业。农业 4.0 发展到了智能化的更高阶段，如图 1-4 所示。党的十九大报告重点指出，农业 4.0 是农业现代化的制高点，是未来农业发展的根本方向。

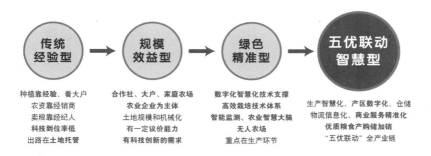

图 1-4 现代农业生产经营模式：从 1.0 到 4.0

（一）农业 1.0——传统经验型农业

农业 1.0 时代，农民需要根据经验来决定农业生产各环节，小农户一般会盯着村里的大农户今年种什么，具体怎么种，农时判断也凭借个人经验。种地主要以解决温饱及农产品短缺问题为目的，从事生产的单元为一家一户，生产规模较小，如图 1-5 所示。农药、种子、化肥等农用物资的供应主要来自经销商，生产和经营管理水平较为落后，农业科技水平不高，抗御自然灾害能力差。这一时期的农业生态系统功效很低，农作物的商品经济属性也不高，同时，城市化进程的提速导致农业人口大量流失，农村劳动力严重短缺，耕地面临无人耕种的窘迫局面。农业改革迫在眉睫，基于土地托管、流转的规模效益型农业应运而生。

图 1-5　农业 1.0：以家庭为单位的农业生产

（二）农业 2.0——规模效益型农业

农业 2.0 时代是以"合作社、大户、家庭农场、农业企业"为标志的规模效益型农业，在这一时期，随着市场经济的发展，开始出现以供销社或合作社为主体的社会化服务组织，以土地托管（土地流转）

的形式承包土地、提供多环节的农业生产性服务 ①。农业 2.0 时代以机械化生产为主，是适度规模的农业生产时代。此时的农业生产主体具备一定的议价能力，同时有科技创新的需求，并且具有持续推动农业技术改革的决心。此时的农业生产规模化和机械化程度较高，"面朝黄土背朝天"已成为历史，农业生产方式实现了由传统生产方式向大规模生产方式的转变，劳动生产率大幅提升。2021 年，农业机械总动力超 10.6 亿千瓦，装备总量接近 2 亿台套，农作物耕种收综合机械化率超过 72%，小麦、玉米、水稻三大主粮生产基本实现全程机械化。

农业 2.0 时代以"产值高"为目标，主要表现在农副产品深加工企业或食品制造企业向产业上游延伸，或者农业生产企业向产业下游延伸，提供给市场的已经不是初级农产品，而是加工后的农副产品或者食品。尽管 2.0 时代规模化农业效益明显提升，但农业产业链还需不断升级改造，才能满足规模化种养殖生产的需求，使农业生产朝着精细、精准化方向发展。

（三）农业 3.0——绿色精准型农业

农业 3.0 时代以数字化、智慧化为典型特征，在某些生产环节局部实现了生产作业自动化、智能化。农业 3.0 时代的到来为绿色精准型现代农业生产提供了可能，如图 1-6 所示。农业 3.0 时代，通过智能化农机进行农业作业，利用物联网、大数据、人工智能技术实现农业生产管控的数字化和精准化，基于高效精准栽培技术体系、智能监测、农业智慧大脑、无人农场等方面提升农业生产效率。农业生产在资源利用率、土地产出率、劳动生产率等方面得到极大提升，实现农业精准高效生产与乡村绿色生态发展齐头并进。

---

① 农业 2.0：适度规模的农业合作社生产参考视频：CCTV 视频——北大荒集团建三江管局红卫农场，https://tv.cctv.com/2021/05/20/VIDE883W64HXKoLb5zAJj1GU210520.shtml）。

图 1-6 农业 3.0：精准农业下控制无人机喷雾器工作

在农业 3.0 时代，"农民"的生产角色发生了颠覆性变化，新型职业农民代替传统农户成为新的农业经营、农业专业化服务及农业管理主体。随着农民文化素质的提升，计算机、电子及通信等现代信息技术的加速发展，以数字化、智慧化技术为重要支撑，农业智能化装备在农业生产、经营、管理和服务中的应用逐渐增多。职业农民依托现代农业经营组织、农业科研机构与政府，面向市场从事农业生产经营活动，具有稳定、低风险、规模化等特点。然而，这一时期的精准化农业生产还是局限于某些单一生产环节，无法做到农业生产全产业链的高效联动。

（四）农业 4.0——五优联动智慧型农业

农业 4.0 时代是五优联动智慧型农业，是以无人化为主要特征的智能农业时代，是智能社会科技水平发展的产物，更是农业产业的融合与升级。五优联动是对农业全产业链"产、购、储、加、销"的数字化、智能化升级，具体体现为生产智慧化、产区数字化、仓储物流信息化、商业服务精准化，如图 1-7 所示。随着土地流转、农业土地规模化程度加深，资源集中于少部分专业农民手中，以大数据与云计算、智能传感系统、农业物联网与互联网、人工智能、农业遥感等现代信息技术为手段，以信息为生产要素，对资源进行软整合，农业生产与经营活动的全过程都将由信息流把控，通过对各项信息技术的集成应用，在农业的生产、加工、经营、管理和服务等各个环节实现"精准化种植""可视化管理""互联网销售""智能化决策""社会化服务"等农业全产业链的智能化管理，形成一种高度集约、高度精准、高度智能、高度协同、高度生态的现代农业形态。这种经营模式突出生产效率，带动行业发展，更以农民经济效益为重。

图1-7　农业4.0：五优联动智慧型农业

　　优质粮食产购储加销五优联动全产业链不是空中楼阁，是全国粮食统一大市场的重要支撑。目前，全国统一粮食市场体系基本形成，国内市场高效畅通和规模拓展还需要持续推动，进一步营造公平、透明的市场环境，降低市场交易成本，促进科技创新和产业升级。此外，国内统一大市场更是"一带一路"、国际竞争与合作的优势之一。一方面可以利用全球资源要素打通国内外市场，增强全球影响力与话语权，逐步构建粮食对外开放新格局；另一方面可以培育具有国际竞争力的大粮商和粮食企业集团，积极参与全球粮食安全治理和农业国际规则制定，促进形成更加公平合理的粮食和农业国际贸易秩序。

二、现代农业发展趋势

随着我国现代农业发展历程，从农业 1.0 到农业 4.0，农业生产方式从传统经验型向五优联动智慧型发展，粮食生产经营从粗放型向集约化转变，粮食产业发展从"链短低效"向"全产业链优质高效"变革，数字化、信息化、智能化程度逐渐提升，贯穿不变的主线是以科技赋能农业，提质增效永远在路上。更通俗地讲，每当科技发生重大变革的时候，谁能抓住机遇，谁就能蛟龙得水，远超他国，而正逢其时的机遇就是以人工智能为代表的新一代信息技术将会给农业产业带来巨大变革。

随着新一轮科技革命和产业变革的不断深入，以人工智能为代表的数字化技术将赋能农业产业转型升级，催生新产业、新业态、新模式，开辟经济社会发展新领域、新赛道。数字化技术将成为经济社会发展的核心驱动力和新动能，数字经济也正在成为重组全球要素资源、重塑全球经济结构、改变全球竞争格局的关键力量。智慧农业为中国式农业强国建设提供了弯道超车的新动能，农业农村领域的全面数字化转型是中国式农业强国的核心内涵和必由之路，这其中包括农业产业的数字化发展、农业农村领域数字资产的价值化、农业农村的数字化治理、以农业生产性服务业为主要形式的数字经济产业化发展。例如，基于机器学习技术、知识图谱技术构建的农业智慧大脑，以智能决策模型为核心，负责解答农业生产各环节应该做、如何做的问题；基于大数据、物联网技术开发的作业适期智能管理系统，则回答何时应该去做的问题。只有抢抓新一轮科技革命有利时机，才能不断缩小与国际农业强国在核心种源、关键装备等领域的差距，才能加快实现高水平农业科技自立自强，才能推动我国农业产业延链、补链、壮链、强链，向价值链中高端迈进。

建设农业强国是我国长期以来的一项艰巨任务，它将伴随全面建成社会主义现代化强国全过程。农业强国的实现路径为生产驱动型农业—消费驱动型农业—农业强国的过程，是量的积累、质的改变及进一步蜕变的过程。农业强国建设要以数字化技术为支撑，大力开展大田种植（粮食作物）、畜禽养殖、设施农业渔业等领域的数字化、智能化建设，其中大田种植（粮食作物）领域典型的数字化应用场景建设困难尤为突出，是政府最关注、投入最多的领域，也是生产实践过程中智慧化程度最低的世界性难题和科技前沿领域。

第三节　世界主要农业强国现代农业发展辨析

世界上的农业强国有美国、加拿大、澳大利亚、日本、英国、法国、荷兰，它们的现代农业发展历程各有特色，有着大量值得中国学习的地方。本节以美国、日本及英国、荷兰、丹麦等部分欧洲国家为例，辨析各国农业蓬勃发展的路径，探究各国农业发展模式的优势特征，并阐明中国农业发展的可鉴之处。

一、美国：以大规模农业机械化与农业协会为核心

美国农业高度发达，机械化程度高，是世界上最大的农产品出口国。美国国土面积为937万平方公里，耕地面积28亿多亩，占世界耕地总面积的13%。人口数量约3亿人，但是农业人口不足全国人口总数的2%。人少地多、劳动力短缺的美国却在严格执行休耕限产制度的情况下，生产出了世界上数量最多且品种丰富、品质上乘的粮食、畜产品及其他农产品，引领"劳动节约型"的现代农业。

（一）高度机械化是农业体系成熟的基本条件

美国农业机械化和农业信息化水平较高，农业体系成熟。美国约70%以上的耕地都是以大面积连片分布的方式集中在大平原和内陆低原，适合农业机械化生产。美国农场现有的机械化设备种类繁多、配套齐全，各种型号的拖拉机、联合收割机、深松机械、整地机械、播种机械、植保机械，以及联合作业机械和沟灌、喷灌、滴灌设备等应

有尽有，基本实现了从耕地、播种、灌水、施肥、喷药到收割、脱粒、加工、运输、精选、烘干、贮存等几乎所有农作物生产领域的机械化。大规模的机械化生产极大地提高了美国农业的生产效率，现在美国农场平均每一个农业劳动力可以耕地 450 英亩[①]，可以照料 6 万~ 7 万只鸡、5000 头牛，可以生产谷物 10 万千克以上，以及生产肉类 1 万千克左右。高度机械化的美国农场同时也高度信息化，采用精准农业技术可节省肥料 10%，节约农药 23%，每公顷节省种子 25 公斤，同时，可使小麦、玉米增产 15% 以上。

（二）农业行业协会促进农业产业交易一体化

在美国，农业发展模式以区域化的"农业行业协会"为主，协会构成又以"农场－生产商－销售商"等成员分布为主。美国的农产品区域化程度高，行业协会比单独农场有更高的议价能力，保证农民经济利益不受侵害的同时，让农民、农场可以安心于生产，进一步促使了农业生产经营中社会性服务业的发展，此外，因农产品产地市场集中，具有营销渠道短、环节少、效率高等优势，最终保护行业整体的经济利益健康发展。美国农业行业协会（简称"农协"）主要保证产地集中销售，产地批发市场与零售商的交易占整个销售系统的 98.5%，其余商品通过批发市场分布各大城市，形成农产品集散市场，在美国也称为"车站批发市场"，对于大宗商品，农协服务型渠道组织齐全，可形成农产品期货市场，并采取公开拍卖、代理销售和期货交易等方式流通。

（三）农业科技服务社会化体系

美国构建了以政府为主导、以赠地大学（Land-grant Universities）为依托、农科教三位一体的农业科技服务体系。该体系涵盖联邦、州及县 3 个层级，各级机构承担不同的职能。此外，发达的农用机械、种子、化肥和农药等农业上游行业为美国农业产业化提供了坚实的物

---

① 1 英亩 =6.075 亩，1 亩 =666.66 平方米。

质基础，农业合作社在推动美国农业产业化方面也起到了重要作用，
完善的立法支持、基础设施建设、金融支持、政府财政补贴、税收减
免等均对美国现代农业的稳定发展提供了有力保障。美国家庭农场一
般不多于 5 人，但需要管理规模 530 ～ 1300 公顷的农场，如果没有专
业的农业科技服务体系，必定无法解决这种规模的生产问题。产前生
产资料的供应，产中耕地、播种、施肥、收割环节，以及产后运输、
贮存、销售环节均在美国农业产业化布局中。美国农业的社会化服务
体系已成为其特有标志，如图 1-8 所示。

　　综上所述，美国能成为农业强国，总体上是"家底深厚"。首先，
美国人少地多，自然资源优越，又是移民国家，不存在根本性的人地冲
突；其次，美国完完整整地得到了工业革命带来的技术革新红利，农业
机械化程度高；最后，农协促进农业产业交易一体化，促进农业科技服
务社会化体系成型，农业发展事半功倍。除了自然条件、机械化程度及
经营模式，美国农业部通过保护农业资源、宏观调控农业等手段使美国
农业成为世界上最具竞争力的行业，领先的农业科技和成熟的农业产业
化体系对推动美国成为世界第一农业强国起到了主导作用。

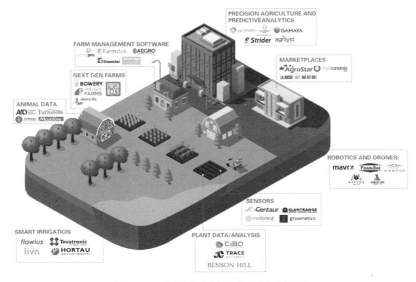

图 1-8　美国农业的社会化服务体系

二、日本：以精耕细作与品牌农业为主导

日本是人均耕地占有量很小的国家，耕地面积仅占世界耕地面积总数的0.4%，人口却占世界人口的2.2%，人均耕地只有0.7亩。然而，在地少人多、资源短缺的条件下，日本通过以"土地改良—化学化—良种化—机械化"为路径的"一改三化"，重点提高单位面积土地的生产率，率先在亚洲实现了"土地节约型"的现代农业。"一改三化"的成功离不开日本农协组织的协助，此外，日本大力推进农业技术改革，严格规范的专利制度让日本成为拥有很多农业专利的农业大国，依托专利技术的租赁使日本跻身世界农业强国之列。

日本着重发展创意农业，将精耕细作、以质取胜做到了极致。同时开展农旅结合，强调"一村一品、一县一业"，为农产品增加高附加值，如此发展带来的"品牌农业"为日本的农产品营销和农业发展找到了一条全新的道路，为农产品生产者带来了巨大的经济利益。中国消费者近年对爱媛橙、晴王葡萄、浓缩柚子汁等产品都不陌生，而这些水果或加工产品的原产地正是日本爱媛县、冈山县及马路村。

日本非常重视农产品品牌策划，注重对品牌农业营销思路的整合及梳理，所以其本土农产品特色明显、知名度较高，同时农业产业上下游产业链延伸，通过多种手段增加文旅属性附加值，探索出一条日本"品牌农业"的发展道路。其中以爱媛橙为代表，爱媛品牌的成功离不开爱媛县重科研、推进良种化，以及深加工、延伸柑橘产业链的发展策略。

在日本，"一县一业"品牌体现了日本农产品的极致标准化，充分利用本地资源优势，因地制宜，通过提高农产品自身特色、地域特色、加工传统等附加价值来提升农村的经营效益，开发具有地方特色的"精品"或"拳头产品"。日本冈山县的晴王葡萄，正是极致标准化、精细化"一县一业"的体现。

日本开展"一村一品"的前提条件是其农业的高度机械化和信息化。日本在自然条件上具有水田多、山地多、土地分散的特点。对此，日

本农业机械向着适用化、小型化、轻型化、系列化、高效化的方向发展。马路村地理位置不佳，但其山林茂密、水源澄澈、昼夜温差大等自然条件适合种植柚子，在日本追求精耕细作、以质为先的宏观背景下，村民们开始种植柚子，种植过程中不打农药，通过机械化装置进行带皮压榨配制成柚子果汁，打造了一个柚子系列的产销一体化生态，形成核心竞争力的农特产品。

由爱媛橙、晴王葡萄及马路村柚子可以窥见日本农业精耕细作、标准化、产业化、组织化程度的"一斑"。在一个国土狭小、资源匮乏而又高度发达的现代化经济体中，农业农村的出路在哪里？日本以高度机械化、信息化的精耕细作模式，发展出高附加值的品牌农业，给出了自己的答案。

三、部分欧洲国家：以共同农业标准为指导

欧盟拥有发达的工业及先进的服务业，同时更是世界粮食生产与出口大户。西欧现代农业的发展除了得益于高素质农业劳动力、高水平农业技术等因素外，欧盟"共同农业政策"一体化、标准化生产也是关键原因之一。本节以处于欧洲农业发展前沿的荷兰、英国及丹麦为例，阐述它们的农业强国发展之路。

（一）欧盟共同农业政策与标准化

欧盟共同农业政策的核心目标就是稳定欧盟农业和农产品供应及价格，粮价既要满足消费者的需求，又要保障农民生活和农村发展。欧盟共同农业政策于1962年正式启动，其中核心内容为：①欧盟内部农产品实行统一价格；②欧盟内部农产品自由流通，并且优先购买成员国农产品，对欧盟外国家农产品征收保护性关税；③建立共同农业基金，主要用于补贴欧盟农产品向外出口时过高的价格。共同农业政策一经实施就取得了很好的效果，农民无须担心粮食价格波动的风险和自家粮食太贵卖不出去的问题，欧洲农产品市场更加顺畅，生产环

节更具标准化，农民也更加富足。

欧盟按照 ISO 9000 国际质量管理系列标准和 ISO 14000 国际环境系列标准，颁布统一标准（HACCP）、国家标准（BRC）等农产品质量的法规和政策，保证其农产品达到安全与符合质量标准。欧盟农产品从生产、加工环节，再到国内、国际的贸易环节，均有对应的标准及相应的法条，其内部存在严格的制约和连带关系，同时采取严格的具体执法措施。从欧盟农业标准化发展情况来看，有效的农业标准化体系是基础，强有力的法律保障措施是支撑，荷兰、英国、丹麦及欧洲诸多国家曾在欧盟农业一体化、标准化的背景下，走出了自己的农业特色路线。

（二）荷兰：欧洲"菜园子"，小国大温室

位于欧洲西北部的荷兰人口约为 1700 万人，国土面积仅为 4 万多平方公里，其中 1/4 的面积低于平均海平面，长年光照不足，约 1/5 的土地由填海得来，土壤盐碱化问题严重。从 20 世纪 50 年代开始，荷兰开始着重发展温室，并且依托玻璃温室技术突破了这些限制瓶颈，真正实现了小国大业，一跃成为全球农业强国之一，更有欧洲"菜园子"的美誉。

地域环境的局限性迫使荷兰提高土地利用率，将信息化、工业化技术与生产技术相结合，利用 7% 的耕地建立了约占全世界温室总面积 1/4 的现代化温室。面积近 17 万亩的温室完全由电脑自动控制，其中约 60% 用于花卉生产，40% 用于果蔬类作物。温室实现了全部自动化控制，包括光照系统、加温系统、液体肥料灌溉施肥系统、二氧化碳补充装置，以及机械化采摘、监测系统等，保证生产出的农作物高产优质。

荷兰依托区位优势积极发展设施农业、园艺产业，走出了一条具有集约化采用高新技术管理模式的高科技绿色现代农业路线。目前，荷兰有 50% 以上的土地用于农业，耕地总面积超 200 万公顷，农业出口总值和食品出口总值均位列全球第二，仅次于美国。

（三）英国："职业农民"成长之路

英国作为第一次工业革命的发源地，英国政府高度重视农业技术研发，农业机械化水平高，农民的整体素质高，走出了一条"职业农民"成长之路。

英国环境、食品及农村事务部（Department for Environment, Food and Rural Affairs，DEFRA）高度重视农业技术研发，尤其是精准农业技术的推广应用，实现卫星定位、遥感监测、自动导航、传感识别、智能机械、电子制图等技术的集成化。通过 GPS 应用，确保了耕作、点播、除草、施药、收割的准确性；通过遥感影像提供的土壤和作物营养状况及技术参数，实现了精准操作和变量施肥施药。

技术集成化直接抬高了农民技术水平门槛，推进农民职业化。以DUNSDEN GREEN FARM 为例，该农场拥有 1000 多公顷耕地，由 1 名职业经理人及 2 名长期雇员管理，工作范围包括从各类农业补贴申请到运用精准技术开展田间作业及市场销售的全过程，农忙时临时雇佣 1 ~ 2 人即可完成全部工作。根据近两年的统计，英国农民年均收入近 2 万英镑，最低为 1 万英镑，最高为 3.4 万英镑。农场经理人年收入为 5 万 ~ 6 万英镑，已达到英国中高收入水平，农民在英国已成为较为体面的职业。

2020 年 1 月 31 日，英国正式"脱欧"，结束其 47 年的欧盟成员国身份，随之而来的是共同农业政策的逐步取消，尤其是对农民的直接补贴政策。此外，英国较高的环境和动物福利标准需要面临全球化竞争，环境主义土地管理机制的仓促过渡，东欧季节性劳动力的巨大缺口，都让英国农业面临前所未有的挑战。

（四）丹麦：不是只有童话，还是"猪肉王国"

丹麦是拥有悠久农业发展历史的国家，具有畜牧业发展得天独厚的自然优势。目前丹麦是世界三大猪肉出口国之一，被誉为"猪肉王国"。母猪年饲养量达 100 万头，年出栏育肥猪约 3300 万头，其中 90% 的猪肉用于出口。丹麦生猪饲养技术水平较高，母猪产仔率处于国际领先水平，猪场平均母猪年提供断奶仔猪可达到 33 头，部分猪场可达 40 头。此外，丹麦养猪场内，3 个劳动力就能饲养 1 万头生猪，劳动生产效率居世界前列。如今丹麦取得业内公认的高品质、高效、高出栏率、高科技、高出口的猪肉产业，堪称养猪强国。这些成就离不开信息化、数字化技术对农业的加持。

在丹麦，养猪完全是高科技行业。丹麦的各大养猪场，饲料输送已实现自动化，猪的进食由智慧饲喂系统定时定量控制，每头猪的耳朵上都装有芯片，食槽上装有扫描仪，食槽有活动挡板，每次只允许一头猪进入进食。在进食时段，扫描仪检测到觅食猪只芯片后，便自动打开挡板让猪进入，而该猪只的喂食量早已被计算完成，饲料称重后倒入食槽。如果进食时间未到，即使猪到食槽觅食，智慧饲喂系统也不会启动开关让猪进入。基于科学化喂养，丹麦生猪经 160 天养殖就可以出栏了，且生猪的体重、身长、身高、瘦肉率基本相似，所以能在标准的自动化生产线上进行屠宰。在中国，脂肪型猪和土猪瘦肉率一般分别大概在 38% 和 45%。而丹麦养殖的生猪经过不断地改良品种，瘦肉率高达 60%。丹麦生猪养殖已走出一条以专业化、机械化、规模化著称的科技赋能之路。

四、中国农业发展道路——科技强农实现弯道超车

世界农业强国各有各的过人之处：从科技对农业的赋能到农业产业组织形式，从精耕细作的品牌农业到因地制宜、产业优化，从农业生产标准化到先进完整的产业链，世界农业强国呈现"一超十强、两型三类"的格局。其中"一超"指美国，"十强"指加拿大、澳大利亚、新加坡、英国、法国、德国、意大利、荷兰、以色列、日本，"两型"是规模效益型和精耕细作型，"三类"指"美加澳""西欧""日本以色列"三种类别。总体而言，世界农业强国均属于欧美西方发达国家。农业强国的显著特征是经济和科技发达、物质装备强、产业链先进完整，并在国际产业链中处于中高端、农业生产性服务业发育良好、农协强大、

农户收入高的阶层，特别是美国，控制着全球粮食贸易，国际话语权强，成为全球唯一综合性的农业强国。

中国式农业强国具备以下 3 个显著特征：一是农业科技自立自强并达到国际领先水平，农业生产力高度发达，以科技和物质装备为支撑的农业土地产出率、劳动生产率、资源利用率达到世界农业强国先进水平；二是农业生产关系与农业生产力高效适配，农业生产经营模式先进，农户收益高，产业链完整，农业生产性服务业发达，区域现代农业一体化发展水平高；三是农业战略性基础地位更加稳固，对国家安全与发展贡献大。

中国的数字农业发展要突出中国特色，不能照搬国外，而且中国不同地区发展不平衡，农业定位与功能也不一致，恰恰需要重区域特色，因地制宜，发展智慧农业。

首先，重区域特色是将粮食主产区与非粮食主产区的农业功能、属性进行区分。目前我国三大粮食主产区的 13 个粮食主产省占全国粮食总产的 80%，其中北方七省占 50%，是承担我国粮食生产任务，保障粮食安全的主要区域，这部分区域是我国数字农业的优先扶持区域和发展重点。对于不以粮食生产为主业的省区，仍然需要担负粮食生产任务，既可以依托科技龙头企业进行农业服务，也可以开展帮扶，拓宽农产品销售、流通渠道。

其次，对于各区域的农业属性，更需要"因地制宜"。粮食主产区应学习美国模式，依托粮食生产的规模化、产业带、产加销一体化，形成全国统一大市场，发展突破大田粮食作物智慧化生产技术，实现优质粮食产购储加销全产业链丰产提质增效。非粮食主产区可以借鉴日本及西欧的模式，发展"一村一品、一县一业"的品牌农业，或是精细化生产追求高附加值，或着力发展设施农业、特色农业。例如，发展订单农业的"丽水山耕"、培育村播产业的浙江衢州。

此外，发展智慧农业以数字化技术推动农业生产性服务业的健康发展（实现产业细分和优化升级），使农业生产经营主体能够掌控产业链、攀上产业链中高端，是农业发展的共同目标。依托上海、深圳的科技企业，开展长三角、珠三角地区的农业信息化、智慧化、一体化服务；山东苹果可以学习西欧农业发展模式，制造果蔬景观。数字化、智能化技术是全国性农业行业进化升级的最关键因素，是建设农业强国的最主要核心竞争力与驱动力。只有以人工智能为代表的信息技术的发展，并获得突破性成果，才能实现现代农业改造的动力引擎，才能在世界强国中走出中国农业强国道路，实现弯道超车。

第四节　科学技术成为现代农业生产的主导要素

科学技术是第一生产力，科技进步推动了经济发展和经济增长方式的转变，科学技术是推进现代农业发展的根本性力量。新一轮科技革命和产业变革的核心驱动力是以人工智能为代表的新一代信息技术，新一代信息技术推动了全球的数字化转型进程，因此，农业农村领域的全面数字化转型势在必行，数据将成为全新的生产要素。因此，以农业大数据技术、人工智能技术、物联网技术、生物信息技术、智慧动（植物）工厂化农业技术、区块链技术为代表的数字化技术突破，将成为实现现代农业生产的主导因素。

一、农业大数据技术

农业大数据既包括农业生产要素数据，如土地资源、水资源等农业资源环境数据，土壤、大气、水质、气象、污染、灾害等农业生态环境数据，农业生物资源、农业种质资源等农业生物数据等；又包括农业购、储、加、销等流程数据，这些数据统称为农业大数据。数字农业体系构建的第一步就是将上述数据全部数据化、数字化、可视化，建立农业要素可视化大数据平台。数据类别包含地块、人员（农户、网格员）、气候、作物（生长模式图和高效栽培技术体系）、农机装备、园区等生产作业数据。同时依照不同主题构建不同的数字化管控系统，如人－地承包权经营权匹配管理、可视化耕地管理、种植结构、品种分布、黑土地保护与利用、高标准农田建设、格田扩大改造系统、保护性耕作、土壤养分与肥力管理、积温及变化趋势、病虫害发生规律、自然灾害损失评估等。

以北大荒农垦集团红卫农场的智慧农业大数据应用服务平台（图1-9）为例，基于农业大数据平台，一方面控制生产前端，实现农业投入品的统供统购，提供优质价廉的农业投入品；另一方面控制后端，通过农产品的统一营销，推进保底加分红的产品销售。同时，全力打造"数字农服"，为农业生产提供全程专业化服务，实现定制式生产，数字化经营。控制总端的平台上可以查看终端农场所有的数据和信息，种植户手上的APP可以连接总端数据库，利用总端数据库内卫星遥感、无人机遥感数据及田间监控系统数据，可以全方位地分析农作物长势。

智慧农业大数据应用服务平台让产业数据信息一目了然，为农业生产、销售决策提供依据，极大地促进了农业信息化建设，提升全要素生产率，降低采购成本和种植户生产成本，实现节本增效，进一步推动农业数字化发展。

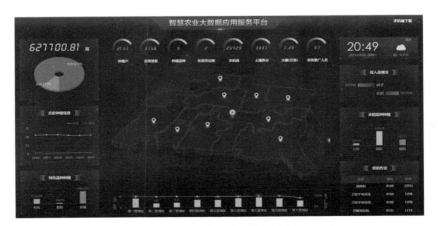

图1-9　红卫农场智慧农业大数据应用服务平台

二、人工智能技术

在农业生产中，人工智能技术助力精细化农业生产，正在让复杂的事情变得简单，通过释放出巨大的产业能量，从而促进农业提质增效。例如，将人工智能识别技术与智能机器人技术相结合，可广泛应用于农业播种、耕作、采摘等场景，极大程度地提升生产效率，同时降低农药和化肥使用量。杂草是农田管理的重头戏，现代农业对化学除草剂过度依赖，造成的后果是大量农药残留、额外的成本投入及杂草抗药性增强。利用 AI 图像辨识技术，开发出能辨识杂草的智慧型农药喷雾器或除草机器人，可以准确地判断"杂草"和"作物"，再进行除草剂的喷洒。相较于过去传统喷洒农药的方式，该技术不但减少了 90% 的药剂用量，同时也降低了生产成本，提高了生产效率，对于环境和作物也形成了很好的保护。例如，百度开发的智慧割草机具备边缘计算和图像识别能力，能够实现对作物、果树物体检测识别及人员自主避障，可以在各种复杂地形中高效割草作业，同时能够保障生产人员作业安全。

作物的收获过程往往需要很多的劳动力，耗费很高的成本，农业采摘机器人不仅能够大幅提高收获效率，同时还可以有效降低生产成本。例如，以浆果为代表的特种农作物采摘，大多是依靠人力来完成的，而采摘机器人正是劳动力短缺背景下的解决方案，如图 1—10 所示。现阶段的无人驾驶采摘机器人，已能够高效准确地辨识和挑选成熟的苹果、草莓、番茄等水果。

图 1-10　温室内正在收获番茄的无人采摘机器人

三、物联网技术

物联网技术是在农业生产、经营、管理和服务中，通过各类感知设备采集农业生产过程、农产品物流及动植物本体的相关信息，利用无线传感器网络、移动通信无线网和互联网传输，将获取的海量农业信息进行融合、处理，最后通过智能化操作终端，实现农业产前、产中、产后的过程监控、科学决策和实时服务。

依托物联网技术及传感器数据融合技术的大田航空监测系统，可在偏远地区实现信息监测及传输，如图 1-11 所示。田间地头的物联网设备把气象监测、苗情监测、病虫监测的数据统一接入大数据系统中，大数据系统结合卫星遥感及无人机遥感数据，在不同尺度上对稻田进行大面积"扫描"，从天空到地面、从宏观到微观，依托物联网技术搭建的水稻农情监测系统可以实现全方位、实时化的监测。同时，农作物长势及生境指标的实时监测，还会通过 5G 传输到系统平台形成农作物生长轴线，并推送到智慧农业手机 APP，让每一位种植户都能看见数据及分析结果。

图 1-11　大田航空监测系统

现代农业的发展必然离不开物联网技术的支撑，融合人工智能技术的物联网将成为现代农业发展的新型助推器。

四、生物信息技术

种业是农业的"芯片"，种质资源是种业的"芯片"，没有种质资源，农业育种创新将成为无源之水。生物信息技术正在农业动植物育种技术领域大放光彩，尤其是利用转基因技术改造物种性状，研发高产且抗病能力强的新品种。大豆是国际上最早实现转基因技术商业化应用的农作物，年种植面积近 1 亿公顷，占转基因作物总面积的一半以上，在转基因作物总种植面积和产量均居世界前 3 位的美国、巴西和阿根廷，转基因大豆面积占比均达到 90% 以上。为高产、优质的大豆品种附加抗除草剂、抗虫等性状，是转基因大豆的最根本目的。此外，还有利用转基因技术培育的具有特殊性状的超级稻品种，具有节水抗旱的特性，且能保持产量的稳定。

早在 20 世纪 80 年代，中国就开展了转基因抗虫棉的研究。抗虫棉所"抗"的棉铃虫，是一种高迁飞性、高杂食性及高繁殖率的害虫，此外，棉铃虫抗药性极强，棉农即使使用多种混合组农药也无法解决虫害问题，反倒增加了生产成本，严重破坏生态环境。而依托转基因技术，构建 Bt 杀虫基因载体所研发出的转基因棉花株系，具备显著的抗虫效果，将杀虫剂用量降低了七成以上，有效保护了农业生态环境。

五、智慧动（植）物工厂化农业技术

以智慧动（植）物工厂为代表的设施农业可以说是现代化农业建设的基础支撑，是利用工程技术达成农业种植目标的方法。具体来讲，设施农业即利用各种机械设备打造出能够符合植物生长需求的环境，同时切实有效地、最大化地展现出土壤、水源、气候等因子的正向促进作用。除此以外，设施农业还能够有效减少人力资源的投入，提升农户经济收益。棚膜栽培、节能日光温室、无土栽培等均属设施农业，尤其适宜于蔬菜、园艺作物的生产和繁殖，能大幅度地提高水、土、热、气的利用率，其所带来的经济、社会、生态效益明显。

植物智慧工厂：荷兰的植物智慧工厂已逐渐进入量产及经常性供应阶段，并且接受"私人定制"。植物智慧工厂能避免天气变化造成的劣势影响，可控的环境使得农作物生产具备高产、高质优势，如图 1-12 所示。基于这种稳定性，工厂可以根据零售商甚至终端客户的需求来"订制产品"，不管什么时候都可以下单"季节蔬菜"，而且可以保证按时送达。荷兰瓦格宁根大学的"植物工厂"项目得到了荷兰政府的大力支持，荷兰的目标是在全国建立一张"植物工厂网络"，未来其产品将逐渐走进寻常百姓家，并走向欧洲和其他地区。

图 1-12 荷兰发达的设施农业

在日本的连锁便利店及超市内，经常能看到"植物工厂"的叶菜产品，四四方方的透明口袋里装的是无须清洗就可以用来拌沙拉、做三明治的新鲜蔬菜。在东京电力集团、富士通、松下、夏普等科技巨头都积极参与"植物工厂"建设的背景下，日本的个人也逐渐将"植物工厂"当成投资首选。日本在人工"植物工厂"方向的探索早已全球领先，随着可压缩水电暖费、人工费等技术及栽培知识的不断积累，"植物工厂"不仅数量众多，规模也越来越大。

楼房养猪智慧工厂：湖北鄂州建立了 26 层的立体楼房用来养猪，开启了养猪新模式。这栋楼占地 60 亩，建筑面积达 40 万平方米，每年可以出栏 120 万头猪，产出猪肉 5.4 万吨。每一层只需 10 ～ 12 位工作人员，就可以管理 2.5 万头猪，中央控制室可以统一制定每层楼、每个养殖点位的饲料量、饮水量并智能投喂；负一层的中央水箱负责整栋大楼的生猪饮水、污水循环处理、喷淋与喷雾降温；二层以上的每层楼都进行区域划分，包括母猪猪舍、产房区、保育区和育肥区等。楼房养猪在满足猪的基本需求的同时，改善了其居住环境，不仅配置自动化、智能化设施，还有猪只"物业"服务，是利用科技创建的猪只社区。

六、区块链技术

区块链技术是一种分布式的、去中心化的、集体维护一个可靠数据库的技术方案。简单地讲，区块链是一种去中心化的分布式账本数据库。所有的系统背后都有一个数据库，将每一个数据库都可以看成是一个大账本，而记账的人就变得十分重要。农业区块链在中国尚处于初级阶段，技术应用主要集中在农产品安全质量溯源、农业监管与金融领域。

以山西太原的娄烦县马铃薯溯源系统为例，娄烦县地处吕梁山腹地，汾河一脉，贯穿南北。这里农业资源丰富，富硒马铃薯、富锌小米等农产品远近驰名。农产品全程可视化溯源系统依托京东物流数字农业管理平台，通过对农业生产过程中的农事、农资、人员信息的实时采集，再应用京东物流的区块链技术进行加密，就可以将相关的农产品食品安全信息进行集中呈现和保存。如此一来，只需扫一扫农产品上的二维码，就可以了解一颗马铃薯的"前世今生"。

此外，区块链技术的特点就是数据真实有效不可伪造、无法篡改，利用区块链技术来创建一个介于农业生产者和农业消费者之间可以信任的平台，该平台可以借助高可靠性和透明的数据，提高优质产品的价值，不断增强优质产品在市场上的竞争力。

以阿里巴巴在湖北秭归脐橙数字农业基地搭建的区块链平台为例，在农业生产中的各项指标均有量化数据，严格把关质量。阿里巴巴会根据订单信息，向农户和农企反馈需求，并根据不同的客户群体，确定不同的产品。在此区块链平台上可以显示的数据包括订单、仓单和运单等，基于上述数据可以进一步衍生出金融、期货和保险等服务，并能够形成数字信用和绿色数字资产。

参考文献

[1] 中华人民共和国中央人民政府.中国的粮食安全[EB/OL].(2019-10-14)[2023-02-14].http://www.gov.cn/zhengce/2019-10/14/content_5439410.htm.

[2] 潘启龙，韩振，陈珏颖.美国农村阶段发展及对中国乡村振兴的启示[J].世界农业，2021（9）：76-82.

[3] 杨军，董婉璐，王晓兵.美国农业发展战略及其启示[J].农业展望，2015，11（2）：18-21.

[4] 陈明.农业农村现代化的世界进程与国际比较[J].经济体制改革，2022（4）：151-159.

[5] 邹璠，徐雪高.农业科技服务体系建设的国际经验及相关启示：以美国、日本为例[J].世界农业，2021（2）：54-61，132.

[6] 陈春良.荷兰、日本、以色列设施农业发展经验与政策启示[J].政策瞭望，2016（9）：47-50.

[7] 柏晶坤.发达的英国农业：政府计划、高度干预的市场经济[J].中国经济报告，2022（5）：46-52.

[8] 穆钰，罗恩浩，矫健，等.丹麦、德国畜牧工程建造技术及智能装备考察报告[J].中国畜禽种业，2019，15（4）：41-43.

[9] 王文生，郭雷风.大数据技术农业应用[J].数据与计算发展前沿，2020，2（2）：10.

[10] 尹彦鑫，孟志军，赵春江，等.大田无人农场关键技术研究现状与展望[J].智慧农业（中英文），2022，4（4）：1-25.

[11] 周增产，董微，李秀刚，等.植物工厂产业发展现状与展望[J].农业工程技术，2022，42（1）：18-23.

[12] 杨彩春，陈琼，陈顺友，等.我国楼房养猪发展现状的浅析及改进措施探讨[J].猪业科学，2020，37（7）：34-38.

[13] 杨苗苗.乡村振兴背景下秭归脐橙电子商务"五链融合"发展模式研究[D].武汉：华中师范大学，2022.

第二章 ◎ ∙ ∙ ∙

人工智能引领现代农业产业变革

　　人工智能是研究、开发用于模拟、延伸和扩展人智能的理论、方法、技术及应用系统的一门新的技术科学。早在 2019 年，世界多国便通过了《经合组织人工智能建议书》，这是第一套关于可信赖人工智能的政府间原则，预示着人工智能为经济发展带来巨大的机遇。自此，人工智能进入各个领域之中，尤其在自动驾驶与无人控制、文本翻译与图像识别、信用评分与电子商务等领域取得了重大成果，逐步引领行业变革。而以农业认知计算、深度学习与机器视觉为代表的人工智能技术也让现代农业产业走向数字化、无人化、智能化。现代农业产业的变革既顺应了世界农业科技进步前沿，又得到了国家政策的持续关注和充分支持。中国推进农业数字化转型、加快智慧农业发展的关键在于人工智能技术。而人工智能从哪里来？它将如何引领现代农业的发展？结合人工智能的现代农业又有何前瞻性？人工智能与农业深度融合的前景又将如何？本章将对这一系列问题进行详细的阐述。

第一节　人工智能与现代农业

人工智能作为在计算机科学、脑科学、语言学等多学科交叉融合基础上发展而来的新兴产业，在经历了概念起步阶段、产品化探索阶段后，逐步进入产业化应用阶段。人工智能大潮正以席卷万物之势汹涌而来，自动驾驶、医疗、金融等高级别应用场景逐步落地，站在新的时代关卡，人工智能技术作为新的技术手段已深入赋能生产、分配、交换、消费等经济活动环节，其战略性与前瞻性意义持续显现。伴随着关键技术、商业模式的不断成熟，人工智能技术将进一步释放历次科技革命和产业变革积蓄的巨大能量，必将成为促进新一轮产业变革的核心驱动力。

一、什么是人工智能？

人工智能（Artificial Intelligence，AI）这一概念起源于 1956 年美国计算机科学家与认知科学家约翰·麦卡锡（John McCarthy）发起的达特茅斯学院的夏季学术研讨会，如图 2-1 所示。约翰·麦卡锡将人工智能定义为"制造智能机器的科学与工程"。自此之后，研究者们开展了众多理论研究，并将人工智能的定义进一步拓展。但从总体上来说，人工智能是研究、开发用于模拟、延伸和扩展人类智能的理论、方法、技术及应用系统的一门新的技术科学，它的主要目标是使机器能够完成一些以往需要人类智能才能胜任的复杂性工作。

那人类智能是什么？或者说人类智能都有哪些？根据美国教育心理学家霍华德·加德纳（Howard Gardner）的定义，人类智能可分成 9 个范畴，即语言、逻辑、空间、肢体运动、音乐、人际、内省、自然探索与存在智能。因此，通俗地讲，人工智能即通过人们研究与开发相关理论与技术使机器具备上述的某些或全部的人类智能。

与众多技术发展历程相同，人工智能技术的发展经历了从 20 世纪 50 年代至今 6 轮的高潮与低谷期。自 1956 年人工智能学科诞生后，发

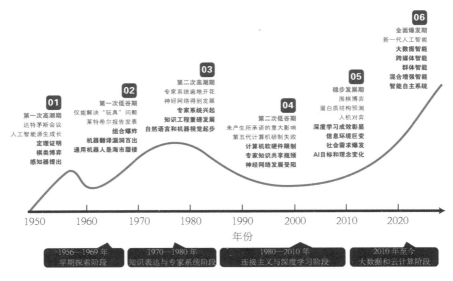

图 2-1　人工智能的发展历程

展初期的突破性进展大大提高了人们对人工智能的期望，人们开始尝试更具挑战性的任务，然而计算能力及理论等的匮乏使不切实际的目标落空了，人工智能的发展走入低谷。直到 1980 年，美国卡内基梅隆大学召开第一届机器学习国际研讨会，人工智能走入应用发展的新高潮。专家系统模拟人类专家的知识和经验解决特定领域的问题，实现了人工智能从理论研究走向实际应用、从一般推理策略探讨转向运用专业知识的重大突破。而机器学习探索不同的学习策略和各种学习方法，在大量实际应用中也开始慢慢复苏。

1989 年，LeCun 结合反向传播算法与权值共享的卷积神经层发明了卷积神经网络（Convolutional Neural Network，CNN），并首次将卷积神经网络成功应用到美国邮局的手写字符识别系统中。21 世纪初，由于专家系统的项目都需要编码太多的显式规则，效率低、成本高，人工智能研究的重心从基于知识系统转向了机器学习方向。

2016 年，谷歌旗下 DeepMind 公司基于深度学习开发出的 AlphaGo 围棋程序成为第一个战胜围棋世界冠军的人工智能机器人，真正让人工智能的概念从学术界走向普通大众，并在世界范围内持续发酵。2022 年 11 月，由 OpenAI 开发的人工智能聊天机器人 ChatGPT 一经推出，便在世界范围内引起热议，重新将"人工智能"这一话题带入眼帘。ChatGPT 以对话形式进行交互，具有令人惊讶的人性化响应能力。

而随着大数据、云计算、互联网、物联网等信息技术的发展，泛在感知数据和图形处理器等计算平台推动以深度神经网络为代表的人工智能技术飞速发展，大幅跨越了科学与应用之间的技术鸿沟，如图像分类、语音识别、知识问答、人机对弈、无人驾驶等人工智能技术实现了重大的技术突破，部分技术成果接近甚至超过人类能力的极限，人工智能正在走向当下时代的浪潮之巅。

二、新一代人工智能

随着人工智能技术在医疗、交通、金融、制造、教育、军事等领域的开花结果，传统行业发生了翻天覆地的变化，劳动力得到了极大解放，行业生产力飞速提升，各行业进入智能发展时代。但技术的发展永无止境，全新的浪潮已然扑面而来。传统的人工智能是计算机智能，或称为封闭型人工智能，而新一代人工智能是开放性人工智能。传统人工智能是算力、算法和数据，新一代人工智能则是交互学习和记忆；传统人工智能解决的是确定性问题，新一代人工智能技术要解决的是不确定性问题。

传统人工智能对外部世界的交互达不到理想的类脑高度。正如中国工程院李德毅院士在某次新一代人工智能的报告中所讲："机器人需要依赖自身软硬件和外部变化的环境，通过交互学习和记忆实现自编程自成长。机器人也许无法改变自身研发或者基础软件，如同人无法改变自己的基因一样，但是可以通过自编程扩充自己能力，也可以通过交互提出扩充硬件或者基础软件的要求，让它的主人配合它更好的增长才干，适应环境增长。"可见新一代人工智能的核心在于依托情景数据和自身模型的双重驱动力，归纳和研究系统推进，理性和经验迭代发展。我们有望在新一代人工智能的时代，使用"机器人制造"的产品，体验"机器人护理"的服务，接受"机器人对话"的情感价值。

在新一代人工智能技术的赋能下，各个行业都将产生颠覆性的变化。制造领域形成工业大脑，支配机器人制造，完成设备互联管理；社会建设形成智慧社区，实现数字政务管理，自动交通出行，环境智能监测；医疗领域构建智能公共卫生服务场景，医用机器人辅助决策；教育领域实现虚拟训练模式，仿真线上教学资源，真正破除教育壁垒；基础研究领域从文献数据获取、实验预测到结果分析，实现新药创制、生物育种研发、深空深海探索等应用场景优化。

在农业领域，新一代人工智能同样将会产生颠覆性变革。农机将实现自动导航、自动驾驶，作业数据将整合到新一代的农业地理信息引擎，网约农机不再是梦想；无人智能农场形成闭环管理、严丝合缝，产业链数字化管理畅通无阻，原有的劳动过程由无人机、机器人取代，适应复杂作业环节的智能农机装备会在农业生产全程由物联网、大数据平台监测；基于区块链模式的农产品质量安全管控，确保产品绿色有机，生产节本增效。

三、人工智能引领现代农业发展

新一代人工智能或许还需要更多技术的积累与迭代，而传统人工智能已经开始在农业领域大放异彩。与其他行业相比，农业是一个涵盖种植业、养殖业、林业、渔业等多领域、多环节、复杂开放的系统，它受自然因素影响较大，具有周期性、地域性、季节性等特点，而这些特点加大了农业生产的不确定性。在此背景下，依托数据驱动的传统人工智能往往出现数据量少、学习能力差的情况，因此农业领域的人工智能发展相对较为缓慢。但近年来，随着我国大力推进现代农业发展，人工智能技术与农业生产进行深度融合，无论是在农业生产决策的宏观指导，还是在农业信息感知、智能装备等某一具体应用领域的技术升级与优化方面均取得了丰硕的成果。

（一）人工智能对现代农业生产决策的宏观指导

农业生产的不确定性，除了自然环境因素影响原因外，最重要的原因是产销信息不对称。传统农业属于生产驱动型农业，在此模式下农产品短期的产量波动不会过分影响市场。在消费端，基本上是市场有什么产品，就购买什么产品。长期的生产驱动型农业将导致农产品生产不平衡、产量过剩、效益低下、价格波动严重，直接损害农产品生产的稳定供给。

为了规避生产驱动型农业的弊端，现代农业生产需要以市场消费为导向，发展消费（市场）驱动型农业。为确保生产端与市场端的信息及时、准确对接，通过人工智能等技术建立新形态农业生产决策系统——"农业大脑"，对农业环境与资源、农业生产、农业市场和农业管理等数据进行收集、处理和分析，形成项目解决方案，实现农业领域生产、供应、储藏、加工、销售、服务等全流程智能决策支持，最终为农业生产提供最合理、最经济、最高效的指导，从而在根本上解决农产品产销不对接的主要矛盾。

（二）人工智能对现代农业生产技术的提升与优化

在现代农业生产的各个环节，人工智能技术从提高生产效率、减少劳动力、降低成本到减少污染、保护生态等方面的技术均获得颠覆性的变革。

在种植业领域，现代化农场利用以卫星遥感、无人机、近地传感器和手持装备等设备为主的"空天地人"一体化农业信息感知体系（图2-2），并借助物联网设备和无线网络传输技术，来获取海量的作物生长与环境数据，再结合云计算、大数据分析与人工智能技术，实现种植面积测算、作物长势监测、作物产量预估、灾害及病虫害预警与应急响应等服务，如图2-3所示。借助近红外光谱、X射线、超声波等多种传感器及成像设备，人工智能技术还实现了对农产品营养成分、功能成分、有害成分等内部品质与外部性状指标的无损检测。通过在诱虫架和捕虫仪中放置视觉传感器，并借助计算机视觉分析方法可实现对田间虫情的自动监测。利用移动设备的便携性,并在移动端部署人工智能技术,实现田间大豆、玉米等种质资源的性状特征的自助采集。

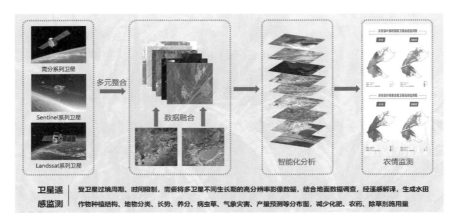

图2-2 "空天地人"一体化农业信息感知体系

a 种植面积测算   b 作物长势监测

图2-3 遥感信息监测

农业植保无人机是当前人工智能技术在种植领域农业生产作业过程中最典型的应用,如图2-4所示。通过借助视频传感器与智能分析技术,农业植保无人机可实现农田、果树等植保工作的精准与变量喷药,此外通过融合地形跟随、自主避障、RTK高精度定位技术,无人机已实现一站式多机全自主协同作业,极大地促进了农业无人机精准作业的普及。

图 2-4　农业无人驾驶喷雾机

大田精准作业同样也是人工智能技术重点突破的领域。当前已有国内外知名大型农机装备企业将无人驾驶系统、自动变量施肥与喷药技术应用于现代化大拖拉机装备上，可实现农业机械二十四小时自动导航、自动驾驶地进行土地耕整、精量播种等田间作业，并结合智能分析系统，依据作物长势情况实现精准施肥与喷药。其他如无人驾驶打浆平地机、无人驾驶侧深施肥撒药高速插秧机、无人驾驶联合收割机、无人驾驶喷雾机等大田作业智能农机装备也都相继完成田间耕作实验，并逐渐开始量产和示范作业，最终形成全过程、成体系的作业模式运用于实际生产。高强度的农业人工劳动终将被智能化的农业设备取代。这些智能农机作业装备，是将物联网、云计算、大数据、移动互联及人工智能等新一代信息技术与农业产业深度融合，势必将会加快我国农机装备的技术创新和转型升级。

在养殖业领域，规模化养殖场基于智能化技术及装备，实现动物生理、行为等信息感知、养殖环境控制、疾病智能检测与诊断、精准饲喂、粪污清理与生物安全防控，畜禽养殖生产效率及管理水平显著提升。基于机器视觉技术，可以实时监测养殖环境中猪只个体的体重、饮食、运动、孕情等生长与生理信息；利用红外测温设备与音频分析技术，能够实时监测猪或鸡的体温与呼吸道疾病。借助可穿戴式设备及机器视觉技术，现代化牧场也已开始尝试实时获取奶牛个体的反刍信息、群体的活动量、个体运动姿态与行为（发情、爬跨、争斗、跛足），在线监控奶牛个体和群体的健康状况。

设施农业领域，现代化技术与装备的发展与应用是现代农业生产的典型代表。融合物联网及传感器设备，设施种植、水产等均可实现设施内的温、光、水、气、肥等的生产或养殖环境的实时监测与控制，以人工智能技术为依托的无人化捕捞、自动化包装与转运、机器人采摘等正在走向商业化应用，这些都将会极大地提升作业效率，降低人工作业成本。

第二节　让农业插上人工智能的翅膀

在传统农业向现代农业发展的进程中，精准农业、农业信息化、数字农业、智能农业、智慧农业等多个名称体现了在不同阶段科学技术与农业的融合发展。农业信息化是传统农业发展到现代农业，进而向信息农业演进的过程。而精准农业、数字农业、智能农业、智慧农业的概念正是农业信息化、数字化程度逐步提升后表现出的几种现代农业发展形态，其中智慧农业的工业化程度、信息化程度、管理决策程度最高。

精准农业起源于美国，核心是有效体现精耕细作，是由信息技术支持的空间变异，定位、定时、定量地实施一整套现代化农事操作技术与管理的系统。基本含义是根据作物生长的土壤性状，调节对作物的投入，进行定位的"系统诊断、优化配方、技术组装、科学管理"，以最少的或最节省的投入达到同等收入或更高的收入，并改善环境，高效地利用各类农业资源，取得经济效益和环境效益。

数字农业是指将遥感、地理信息系统、全球定位系统、计算机技术、通信和网络技术、自动化技术等高新技术与地理学、农学、生态学、植物生理学、土壤学等基础学科有机地结合起来，实现在农业生产过程中对农作物、土壤从宏观到微观的实时监测，实现对农作物生长、发育状况、病虫害、水肥状况及相应环境的定期信息获取，生成动态空间信息系统，对农业生产中的现象、过程进行模拟，达到合理利用农业资源、降低生产成本，改善生态环境，提高农作物产品和质量的目的。数字农业将信息作为农业生产要素，用现代信息技术对农业对象、环境和全过程进行可视化表达、数字化设计、信息化管理的现代农业。

智能农业主要体现在种植业、畜牧业、设施农业及渔业等领域的某些生产环节中，以数字化技术为核心，实现关键农机及决策系统智能化、农业资源要素可视化、农情监测服务化、产销服务定制化等农业生产过程应用。

智慧农业是现代农业的高级发展形态，将物联网技术、大数据、人工智能等现代信息技术运用到农业领域全流程中，以传感器监测的数据为基础，通过人工智能算法生成自主智慧决策，在移动平台或者电脑平台对农业生产过程实现自动控制，使农业领域各生产环节实现智慧化生产及管理。

总之，无论是精准农业、农业信息化、数字农业、智能农业，还是智慧农业，都是现代农业发展的多种形态，其核心都是建立在生产过程数字化的基础上，以生成最符合农业生产规律及农艺要求的智能决策来控制各类农机及生产装备，实现农业生产过程的智能化、无人（少）化、精准化与可持续发展。

本书未对这些名词加以严格区分，统称为智能农业，并且本章主要阐述人工智能技术对现代农业的各个领域（种植业、养殖业、设施农业、渔业）的引领作用。人工智能引领下的智能农业，正在加速将物联网、大数据、移动互联、云计算、空间信息、图像识别、机器人等新一代信息技术与每一个农业应用场景的融合。这不仅极大地提升农业生产、加工、销售等农业全产业链关键环节的智能化水平，更为农业生产经营方式的变革带来了新的挑战和机遇，以此实现农业生产提质增效、农产品供应优质安全、农民收入稳定提升、农业监管透明可控等数字农业农村长期发展目标。让农业插上人工智能的翅膀，就是将资源要素可视化、农情监测服务化、生产决策智慧化、作业装备精准化、产销服务定制化，让人工智能引发变革，加速现代农业向智能农业发展的转型升级。

一、资源要素可视化，农业底数一目了然

农业资源要素是农业生产与经营过程中必不可少的物质和非物资资源的总称，大体上可分为农业自然资源和农业经济资源两类。农业自然资源包括土地资源、水资源、气候资源和生物资源等；农业经济资源包括农业人口和劳动力数量与质量、农业技术装备等。农业生产综合性强、细节多，农业资源要素来源广泛、结构复杂、种类多样，蕴含着巨大的价值。而土地资源，是农业生产过程中最为重要的核心要素。

农业生产活动的开展是以土地为基础，组织相关人力、物力和技术资源进行农作物的种植与管理。因此，全面摸清农场土地资源底数，对开展高效种植及土地精准管理具有重大意义。以农田数据为例，农田基本信息的采集和处理是人们了解作物生长环境和长势的基本途径。气候、土壤和生物是构成农业资源的三大主体，它们的集合及表现，决定了农业资源环境质量的优劣。

以土地资源为核心，土地承租主体及农作物为对象，全面梳理区域内土地的分布、性质、归属（经营权）及其对应的农作物种植（品种、数量、质量等）情况，以土地地块为单位，明确"这块地是谁在经营？地上种植了什么作物？对地块及作物开展了何种农事作业？作物全生命周期的生长状态如何？"，就摸清了农业的基本底数，构建农业中人、土地、作物三大核心生产要素关联网络，形成全方位、立体化的农业生产要素"一张图"，实现农业生产要素可视化，对摸清农业底数并开展农业生产经营方式变革意义重大。

一般来说，对农业生产要素可视化的实现路径如下。

①利用卫星遥感数据，提取区域耕地信息，可以实现土地可视化管理，并动态监测耕地面积变化。

②利用卫星遥感数据，将区域耕地划分到自然地块。

③利用土地承租（承包）数据，关联地块与承租人，进一步关联实际经营人。

④利用卫星遥感数据，提取以地块为单位的农作物种植品种信息。

⑤结合"空天地人"一体化农情综合监测系统，动态监测农作物的长势、营养、病虫害等生长情况，开展作物产量预估，并结合 GIS 技术实现上述要素状态及关联关系的可视化，如图 2-5 所示。

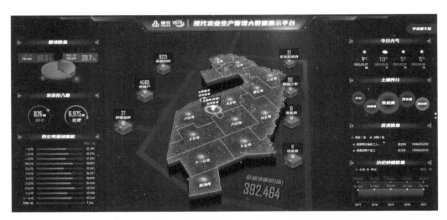

图 2-5　双河农业生产管理大数据展示平台的农业资源要素可视化展示

人工智能技术可以实现卫星遥感数据的自动化检测、土地地块的自动化提取、地块种植品种的自动化分类，以及在"空天地人"一体化农情综合监测系统中实现气象数据的融合。从原本的手持 GPS 土地确权，农田种植结构、长势、处方"一问三不知"到智能农业，人工智能解放了大量人工劳动，让农业底数一目了然，农业经营者能够更加高效地开展农业经济活动。而以农业生产要素可视化为基础，可进一步扩展到收购、存储、加工、销售等其他产业链环节，通过分析各环节参与的核心主体、开展的生产经营活动及两两之间的关联，有望实现农业全局生产要素的可视化，对提高政府部门监管和调控能力、变革农业生产经营方式及提高农业现代化水平意义重大。

二、农情监测服务化，农业动态一览无余

卫星遥感、航空遥感、近地遥感、田间信息监测为农作物关键生长参数的监测提供技术与装备支撑，在"空""天""地""人"4个层面上对农作物生长状态进行监测，通过数据解析及融合，可实现对农作物生长进程全方位、透明化、全过程的监测，做到农业动态一览无余。

（一）卫星遥感

卫星遥感指轨道高度在10万米以上的人造卫星、航天飞机和天空实验室等遥感。由于轨道高度和遥感对象不同，遥感器的地面分辨率和可能识别的地物大小也不同。受卫星过境周期、时间限制，需要将多卫星不同生长期的高分辨率影像数据，结合地面数据调查，经遥感解译，实现从卫星尺度对区域内作物整体信息的深度挖掘，生成农田作物种植结构、地物分类、长势、养分、病虫害、产量预测等智能分析及专题图，如图2-6所示。

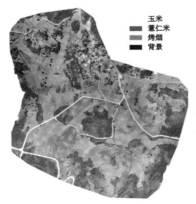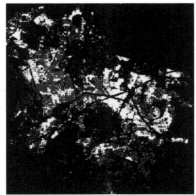

玉米
薏仁米
烤烟
背景

图2-6 基于卫星遥感的地物分类

（二）航空遥感

航空遥感是以中低空遥感平台为基础，通过飞机搭载多光谱相机、高光谱相机和热成像相机等传感器进行摄影（或扫描）成像的遥感方式。航空遥感所获取的图像空间分辨率较高，且具有较大的灵活性，适合比较微观的空间结构研究分析。飞机的航线和高度可以在一定范围内变化，而且便于载人和资料回收一集设备的检修更换。但航空遥感的费用十分昂贵，不可能在短期内对同一区域反复摄影成像，因而限制了航空遥感在动态监测研究方面的应用，但其可以作为卫星遥感的补充，在更细化的层次上实现农作物生长状态的监测，如图2-7所示。

■ 树
▨ 根部倒伏
▦ 茎秆倒伏
▩ 正常水稻
▧ 背景

图2-7　基于无人机遥感的水稻倒伏区域分析

（三）近地遥感

近地遥感指距地面高度在1000米以下的系留气球（500～1000米）、遥感铁塔（30～400米）、遥感长臂车（8～25米）等遥感，更适用于低矮、种植密集结构特征的作物生长状态监测。近地遥感监测主要是对作物生长环境中的气象、积温、病虫害、长势、养分、灾情、墒情（玉米）等情况进行现场勘查、自动数据采集和统计分析上报。为原来需要依靠大量人力物力进行采集数据、管理现场、人工统计的工作，提供了更加科学和高效的解决方案，提高工作时效、降低劳动强度、提高监测准确率。

此外，诸如虫情信息、病害信息、农田小气候、农作物病菌孢子、农田生境等的田间信息自动监测系统能够实时采集各种田间信息。例如，孢子捕捉仪主要用于自动捕捉田间地头的病菌孢子，而且可以自动拍摄孢子图像，远程传输信息数据，即使在千里之外，也可以及时获取有效的孢子监测数据，分析和预测植物病害的发生发展等，并及早指导农户开展针对性的病害防治工作，提升植物病害防治效果，降低病害损失。

三、生产决策智慧化，农事任务一叶知秋

当前，我国正处在传统农业向现代化农业的过渡期，农业种植的规模和集约化程度都在提高。但越是规模化种养植，越得注重生产管理与决策。想实现节本增效，就必须要对农业生产管理、决策方式进行技术升级，以信息化技术为支撑，精准感知各农作物的生长环境及其变化，配合专家系统，可以全自动控制各执行端，满足农产品正常生长的环境要求，为农业生产提供精准化种植、可视化管理、智能化决策。如基于多源数据融合的遥感解析技术及大数据技术，建立典型的农业信息大数据智能决策分析系统，为农业生产、经营、监管的决策提供强有力的支撑；基于卫星、无人机等遥感平台，快速、大范围监测并解析土壤养分状态及作物长势，结合作物生长模型预测结果，生成作业处方图，生成智能农事任务决策列表，节约人工成本，提升经济效益。信息化技术使农业进程变得可预测、科学化、智能化，更可以开展智能农场、牧场、渔场、果园及农产品加工智能车间的集成应用示范，使生产决策智慧化，农事任务一叶知秋。

特别地，笔者提出一种基于数据智能的叶龄模型化监测诊断技术与农业智慧大脑技术，如图 2-8 所示，该技术以作物不同品种的栽培技术模式图为基础，通过对其进行结构化处理，得到对应的数字化种植规程，即在哪个生育进程（叶龄）阶段应实施何种栽培措施，进一

步根据品种特性，结合作物生长环境、气象条件、农事作业等信息，进行生育进程的监测与诊断，从而提前确定每项农事作业任务的精确时间段，最后，根据作物长势、营养、病虫害等农情信息，农业智慧大脑智能决策生成水肥药精准作业处方图，开展作业适期管理，农业动态一叶知秋。

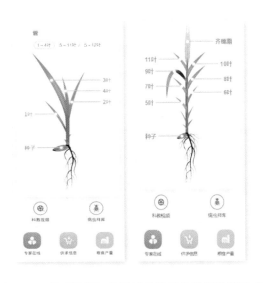

图 2-8　基于数据智能的叶龄模型化监测诊断技术

四、作业装备精良化，生产效率一日千里

智能化农机作业装备是人工智能在农业领域的重要体现，是农业人工智能的关键突破口。植保无人机、机械播种、除草机、智能灌溉设施、联合收割机等正在由自动化向无人化、智能化发展。以植保无人机为例，其主要通过地面遥控或导航飞控来实现农业喷洒作业，可以喷洒药剂、种子、粉剂等，它由飞行平台（固定翼、直升机、多轴飞行器）、导航飞控、喷洒机构 3 个部分组成，可完成低空喷洒农药，可负载 8～10公斤农药，每分钟可完成一亩地的作业，航迹规划如图 2-9 所示。据

统计，2018 年植保无人机市场保有量已突破 3 万架，飞防总作业面积突破 3 亿亩。目前的植保无人机与实现真正意义上的无人驾驶仍有一段距离，但通过人工航线规划，仍可在保证作业精度的前提下，减少大量的人力、物力投入。无人化的植保作业主要涉及高精度定位、自动避障等核心技术。连续运行（卫星定位服务）参考站（Continuously Operating Reference Stations，CORS）技术能够为农业作业装备的高精度、自动化甚至全无人化提供技术支撑，使农业生产效率得到显著提升。

图 2-9　无人机航迹规划

在人工智能技术的助力下，无人智慧农场中的无人作业农机正在走入现实，如图 2-10 所示。无人智慧农场最终应实现大田耕、种、管、收的全程无人化作业，这就要求技术人员开发出一套精细的数字化管理系统，实现整个流程可视化、可追溯。而无人智慧农场能从"以人工劳作为主、半机械化为辅"，到如今全机械化实现耕—种—管—收的闭环，人工智能技术的赋能必不可少。

图 2-10 无人作业农机

五、产销服务定制化，节本增收一举两得

在优质农产品供需市场中，供给侧面临"有产难销""质优价低"，而需求侧面临"有求难购""质劣价高"，产销对接是解决该问题的关键所在。

常见的产销对接渠道有对接会、展览会、交易会、洽谈会、网上商城等线上线下对接形式，取得了一定效果，但存在生产盲目性大、购销产品品质不一、难以达成优质优价等弊端。为此，通过创新个性化产销模式，构建优质农产品数字化生产贸易系统，可实现大宗农产品的定产定销，节本增收一举两得。订单种植和电子交易是适合我国农产品交易的两种产销对接模式。

订单种植模式，也称合同农业或订单农业，是指农户在农业生产经营过程中，按照与客户（农产品购买者）签订的合同组织安排生产的一种农业产销模式。订单农业通过合同的形式，把双方的利益关系紧密联结起来，明确各自的权利、义务，依照合同的规定，完成生产经营中产销活动的全过程。其实质就是通过订单的形式把市场需求反映出来，引导农民按照市场需求进行生产。订单合同主要包括农户与科研、种子生产单位签订合同，农户与农业产业化龙头企业或加工企业签订农产品购销合同，农户与专业批发市场签订合同，农户与专业合作经济组织、专业协会签订合同，农户通过经销公司、经纪人、客商签订合同。

大宗农产品电子交易一般可通过国家粮食交易中心平台进行，包括协商式双边（多边）交易模式和集中竞价交易模式两种模式。前者指交易双方（多方）通过统一的粮食交易平台自主协商确定交易的数量、价格及相关条款的方式，后者指交易双方（多方）在统一的粮食交易平台上按照一定的规则进行交易的方式，市场参与者（农民、合作社、贸易商）通过该交易平台报价，交易平台按照相关交易规则进行市场出清，确定每个市场参与者的中标量和中标价格。

在人工智能技术赋能下，农业生产的产销模式逐步向消费驱动型农业转型，以订单为主的农产品工厂化生产正在变革。依托人工智能技术，根据农作物单产率确定总产量，准确把握农作物的收成率和质量水平，估测需求侧水平，拟定定价策略，帮助农业公司、合作社和农民更好地定价农产品。如此，生产者便可以综合考虑给定作物的总需求来确定某种作物的价格曲线，无弹性的、单一的还是高度弹性的，从而敲定定价策略。仅凭这些数据，农业企业每年就可以节省至少数百万的收入损失。

对于农产品电子交易模式，人工智能技术更能带来数字化转型，从搭建数字化的基础设施，如数字化平台、数字化仓储园区、数字化生产制造，到发展流通的新业态、新技术、新模式，延伸管理服务，人工智能技术可以补齐农村物流基础设施短板，推动农村地区流通体系建设，再加上政府数字化的规范和监管，可实现农产品电子交易模式的高质量、可持续发展。

参考文献

[1]　光明网 .《中国新一代人工智能科技产业发展报告（2022）》重磅发布 .[EB/OL]（2022-06-27）[2022-11-02]. https：//politics.gmw.cn/2022-

06/27/content_35840687.htm.

[2] 李德毅. 什么叫新一代人工智能 [EB/OL]. (2021-05-12) [2022-11-02]. https: //www.sohu.com/a/466007348_121080079.

[3] 中华人民共和国农业农村部. 发展智慧农业、建设数字乡村，以信息化引领驱动农业农村现代化：农业农村部市场与信息化司负责人就《"十四五"全国农业农村信息化发展规划》答记者问[EB/OL]. (2022-03-09)[2023-02-11]. http: //www.scs.moa.gov.cn/gzdt/202203/t20220309_6391341.htm.

[4] 王冼民，杨锋，杨少瑕，等. 粮食安全视角下的农业资源与环境要素的效用分析 [J]. 中国农业资源与区划，2017，38（2）：72-75.

[5] 张莉. 基于 SWOT 分析订单农业发展现状及对策思考：以"数字粮仓"产销对接模式为例 [J]. 热带农业工程，2021，45（1）：58-60.

第三章

农业资源要素可视化大数据平台技术

　　人、土地、作物是构成农业的基本"细胞"，也是农业资源的基础要素。农业资源要素数据覆盖整个农业生产过程，以土地资源为核心，辐射其他生产要素（农户、作物、农资、农机、农业生产过程、气象等），这些要素是农业生产管理、智能决策、农机作业的基础。农业资源要素可视化大数据平台是智能农业的"细胞"显微镜，核心技术包括数据分布式存储与处理技术、智能分析技术、可视化技术等，能够实现区域土地的分布、性质、归属（经营权）、流转及其对应种植（品种、数量、质量等）情况的全面梳理，形成全方位、立体化的农产品资源"一张图"，精准掌控农业资源要素，农业底数一目了然。

　　2019年的情景还历历在目，由当初的茫然到现在的自信，小郭以自己的亲身经历讲述了其创业故事。小郭是一名刚刚毕业的大学生，同学都在考研"考公"，争取去一线城市工作，而他却毅然决然地选择种地，这遭到了很多人的质疑，但小郭有自己的想法。在他看来，粮食安全是"国之大者"，是国家根基，中国农业未来可期，小郭坚信运用自己所学，一定能够开创出一片新天地。理想很丰满，现实很残酷，亲身经历让小郭真正体会到了做农业并没有想象中那么简单。播种前，地块的地力、土壤养分、作物轮作是什么情况，种肥药等生产资料在哪里买，什么品牌比较合适；插秧时，当前温度是否达到插秧要求，目前农机作业情况如何，能否满足插秧调度需求；插秧后，如何快速准确识别水稻所处的生育期，每个生育期的农事任务是什么；水稻生育期内，水稻种植、农情监测和农机作业都应遵循什么标准规范，投入品都有哪些；等等，让小郭一筹莫展，自己的信心也降到了冰点。一个偶然的机会让小郭结识了智能农业专家苏教授，苏教授的指点令他茅塞顿开，农业生产首先需要摸清底数，正所谓"知己知彼，百战百胜"，"农业资源要素可视化大数据平台"以可视化的形式展现农业资源要素，农业生产变得更加透明化和智能化，真正解决了小郭的"后顾之忧"，有了苏教授及其团队的支持，小郭大获成功，同时信心倍增，今年他要"大干一场"。

　　本章以农业大田为对象，全面介绍农业生产资源要素的组成、农业生产标准规范与模型、农业生产过程数据管理及农业要素可视化大数据平台。

第一节　农业资源要素

　　农业资源要素是农业生产与经营过程中必不可少的物资和非物资资源的总称。农业资源大体上可分为农业自然资源和农业经济资源两类，农业自然资源包括土地资源、水资源、气候资源和生物资源等；农业经济资源包括农业人口和劳动力数量与质量、农业技术装备等。

　　农业资源要素来源广泛、结构复杂、种类多样，蕴含着巨大的价值。以农田数据为例，农田基本信息的采集和处理是人们了解作物生长环境和长势的基本途径，气候、土壤和生物是构成农业资源的三大主体，决定了农业资源与环境质量的优劣。随着农业 4.0 时代步伐的不断加快，农业数据资源更是呈现爆发式增长，这些资源的科学、规范管理是现代农业生产的前提与基础，即农业资源要素数字化管理，下面重点介绍与农业生产密切相关的农业资源要素。

一、农业生产人员数据

从广义范畴来讲，农业生产包括种植业、养殖业、林业、牧业、水产养殖业等与农业相关的产业，而从狭义范畴来讲，农业更多指的是种植业。农业生产人员是指在农业生产过程中从事农业生产的单位或个人。农业生产人员，具体包括农户、农业企业、国有农场及其他从事农业生产经营活动的组织。

农户是农业生产的主体，农户不仅仅是指参与农业生产的农民，还包括承包农户、专业大户、农技人员等。农户人员的数据信息主要包括姓名、年龄（出生日期）、性别、身份证号、通信地址、联系方式等。

农业企业是指从事农产品生产、加工、销售、研发、服务等活动，和从事农业生产资料生产、销售、研发、服务等活动的营利性经济组织。农业企业包含的类型很多，如种子、化肥、农药、地膜供应的农资企业，提供农业病虫害防治的农业飞防服务的企业等。农业企业的数据信息主要包括统一社会信用代码、注册号、企业名称、法人、类型、成立日期、地址、经营范围、注册资本等。

国营农场即国有农场，是国家投资建立的农业经济组织，为社会主义全民所有制的农业企业。国有农场在农业科技应用推广和现代农业建设中发挥着重要的引领与示范带动作用。国有农场的数据信息主要包括农场名称、地理位置、所属地区、行政区划代码、电话区号、邮政编码、耕地面积、气候条件、农场简介等。

二、耕地数据

耕地是发展农业生产最基本的生产要素。耕地作为一种自然资源，是农业生产的命脉所在。党的二十大报告指出，要全方位夯实粮食安全根基，牢牢守住十八亿亩耕地红线，确保中国人的饭碗牢牢端在自己手中。同时，国家和地方还相继出台了黑土地保护的纲要和文件，强调深入实施藏粮于地、藏粮于技的战略方针，大力推进高标准农田建设。耕地数据主要包括耕地号、类型、面积、空间位置、所有人、承包人等。耕地数据在农业资源要素可视化大数据平台中，基于WebGIS技术以可视化形式展现，耕地数据实现了农户与土地的一一对应关系，图3-1为北大荒集团红卫农场第五管理区地块信息，在地图中点击任意地块即可显示该地块的所属信息，包括土壤信息、承租信息、种植信息、农资供应信息等。

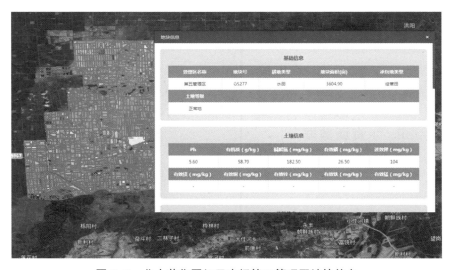

图 3-1　北大荒集团红卫农场第五管理区地块信息

三、农机数据

农机一般指农业机械。农业机械是指在作物种植业和畜牧业生产过程中，以及农、畜产品初加工和处理过程中所使用的各种机械。农业机械是农业生产的重要工具，是农业生产力的要素。农机的数据信息主要包括农机名称、编号、品牌、车牌照、型号、购置日期、所有人（所属公司）、生产企业、状态、存放地点、联系方式等。有些农机平台还具备二维码扫码功能，农机作业人员通过手机扫描二维码，即可实现系统登录，平台能够实现农机作业轨迹记录，为农机作业质量评价和农机调度提供依据。

四、农资数据

农资是农用物资的简称，一般是指在农业生产过程中用以改变和影响劳动对象的物质资料和物质条件。农资包含的种类繁多，如农药、种子、化肥、地膜等均属于农资，农资的精准管理对于农业生产计划制订、农业物质调配、农业生产管理都有重要的指导意义。不同类型的农资数据信息存在较大差异，以农药为例，主要数据信息包括农药名称、剂型、有效成分和含量、使用范围、使用方法、实用技术要求、中毒急救措施、注意事项、适用作物、防治对象、施用方法等。

五、水资源数据

通过对水资源进行计量监测能够有效地了解当地水资源的分布、使用情况，能够快速对水资源使用现状做出反馈，制订相关的水资源使用计划和农作物种类计划，从而对土地用水进行科学合理的管理。水资源数据监测信息主要包括实时水雨情数据、实时地下水数据、水利工程、江河水质数据、水功能区水质数据、重要水源地水质数据、入河排污口水质数据；河流、水库、堤防、湖泊、水闸、灌区名称位置及其参数等防汛数据；检测点水土流失数据、主要河流径流泥沙情况等。

六、气象资源数据

由于农业种植区一般地域较大，又处在远离市中心的位置，城市天气预报不能精确到农户的种植区域。对于大面积种植的农户和进行规模化种植的生产商来说，农业气象的准确性对农事作业有抵御风险的重要作用。准确的气象数据，更有利于指导农事活动的开展，减少农业生产过程中的损失。农业气象环境监测系统用物联网技术和无线通信技术自动采集各类气象资源数据，数据主要包括风速、风向、气温、气压、紫外线、雨量、蒸发等基础气象数据；干旱、洪涝、雷暴、风暴、冰雹、冻害等重大气象预警数据；气温、雨水、土壤墒情、光照等级，以及春种、夏收、夏种、秋收、秋种季节等农用专题气象预报数据。

　　图 3-2 为北大荒集团红卫农场网格化农业气象信息平台，平台可提供覆盖全境耕地的 5 公里网格气象数据，提供每个网格区域的农业气象实时和预报数据。

图 3-2　北大荒集团红卫农场网格化气象信息平台

七、灾害数据

　　灾害数据监测对于农业生产尤为重要，在实际生产过程中往往以大田作物生长状况和所遭受的常见灾害作为监测目标，采用适合的监测手段，获取有效的监测数据，通过对这些数据的智能解析为农业生产灾害防治提供决策依据，对农业生产管理人员制定灾害防治预案、减小农业生产损失具有重要意义。

农业生产中的灾害类别很多，包括病虫草害、冷害、冰雹、风害、旱涝灾害、作物倒伏等，不同灾害的表现特征、发病原因、机制、传播途径等均存在很大差异。以作物病害为例，数据信息主要包括常见病害的危害症状、病原特征、传播途径、发病原因、发病机制、防治方法等。

第二节　农业生产标准规范与模型

一、农业生产标准规范

"不以规矩，不能成方圆"，做任何事情都要有规矩、懂规矩、守规矩，农业生产亦是如此。我国农业生产模式已由原来的经验型、定性化的粗放生产模式向精细化、智能化的现代农业方向发展。农业生产资源要素的数字化管理是基础，农业生产标准规范是前提。水稻施什么肥、什么时间应该施肥、如何施肥等，是农业生产过程中种植人员极其关注的问题，而这些问题对应的正是农业生产的种植规程、监测规程和作业规程。随着农业4.0时代的到来，农业生产模式已悄然发生了变化，"经验型"粗放种植模式正逐渐被基于规则的模式所代替，而规程就是农业生产过程中遵循的依据，多以标准形式呈现。

（一）种植规程

种植规程是农业生产过程中与种植环节相关的一系列标准的集合，主要包括国家标准、行业标准和地方标准，如玉米栽培技术规程、测土配方施肥技术规范、绿色农产品农药使用准则等。种植规程描述的是作物的生产操作技术规程，每种作物的种植规程都有地域性和特异性，不同地区不同作物的种植规程有很大差异，甚至同一个省份的不同地区都不相同。黑龙江省地处中国东北部，地域辽阔，是我国粮食主产区，黑龙江省被划分为 6 个积温带，不同积温带的有效积温不同，农户需根据种植区域的积温来选择对应的作物品种，而这些信息都在作物的种植规程中给予明确说明。

种植规程中具体应该规定哪些要求呢？这里以黑龙江省某一区县水稻标准化生产技术规程为例来加以说明。规程明确规定了水稻从品种选择、种子处理到收获及脱谷等 14 个阶段的详细技术要求，为该地区水稻生产提供了指导标准。

例如，品种选择阶段要求包括种子质量、芽种标准、主栽品种推荐等，种子处理阶段包括晒种、盐水选种、种子包衣、浸种、集中催芽、低温晾芽等步骤，每个步骤都有明确要求，种子包衣阶段包括种衣剂与水的比例，浸种阶段温度、时间要求等；苗前准备阶段包括扣棚、置床整地、置床处理、地下害虫防治、营养土配制、摆盘装土、浇水等环节；水稻施肥阶段依据《全国耕地类型区、耕地地力等级划分标准》，结合本地土壤基础地力及积温、物候信息进行施肥，包括基肥、分蘖肥、调节肥（接力肥）、穗肥、粒肥的施用比例及时间等。种植规程对每个阶段的具体工作都有明确标准和详细技术说明，农业生产人员只要按照规定开展农事活动即可。

（二）监测规程

监测是农业生产决策的前提与基础。农业生产监测平台主要有卫星、无人机（车）、近地传感器等，这些平台构成了农情监测的空天地立体化监测体系。但不同的作物、作物的不同生长阶段、不同的监测平台都有着不同的监测要求，这些要求对应着农业生产不同的监测规程。接下来以基于无人机遥感平台玉米生长监测为例来加以说明。

玉米生长监测可以采用无人机平台，而无人机平台的要求、起降条件及场地要求、玉米生育期监测要求等，均需在监测规程中给予明确规定。例如，无人机平台方面，包括不同类型无人机的控制方式、控制距离、最大飞行速度、作业高度、有效载荷、续航时间、起降方式等；无人机场地方面，不同的无人机平台要求不同，包括场地的平整程度、长、宽、面积、倾角、障碍物等；玉米生育期内监测日期及监测条件方面，选择玉米生育周期内拔节期（7 叶）、大喇叭口期、抽雄期、乳熟期、完熟期作为监测节点，由于各地玉米种植时间、温度、降水、土壤条件不同，还应明确给出玉米生育期判定及测定条件。玉米生育期判定及测定条件如表 3-1 所示。

表 3-1　玉米生育期判定及测定条件

生育期	判定标准	测定参数	测定条件
拔节期	第六叶完全展开，雄穗生长锥开始伸长	冠层叶片叶绿素含量、氮含量、株高、LAI、地上生物量	天气晴朗、能见度＞500米，10：00—14：00，风力低于 8 米／秒
大喇叭口期	第十二叶完全展开，雌穗进入小花分化期	冠层叶片叶绿素含量、氮含量、株高、LAI、地上生物量	天气晴朗、能见度＞500米，10：00—14：00，风力低于 8 米／秒
抽雄期	第十二叶完全展开，雌穗进入小花分化期	冠层叶片叶绿素含量、氮含量、株高、LAI、地上生物量	天气晴朗、能见度＞500米，10：00—14：00，风力低于 8 米／秒
乳熟期	米籽粒变黄色，胚乳成乳状后至糊状	冠层叶片叶绿素含量、LAI、地上生物量	天气晴朗、能见度＞500米，10：00—14：00，风力低于 8 米／秒
完熟期	米籽粒变黄色，胚乳成乳状后至糊状	地上生物量、玉米实地产量	天气晴朗、能见度＞500米，10：00—14：00，风力低于 8 米／秒

（三）作业规程

基于监测规程获取的监测数据经遥感解析生成农机作业处方图，农机依据作业处方图进行生产作业，农机作业需要哪些条件，注意事项是什么等问题，则对应农业生产的作业规程。接下来以基于作物长势处方图的农业植保无人机作业技术规范为例来加以说明。

在农业植保方面，农业植保无人机具有作业效率高、灵活方便、节水省药等优点，能够有效解决喷洒不均、人员中毒和劳动力不足等问题，植保无人机的发展对农药减量、农业节本增效、保障粮食安全等方面，都发挥了积极作用，也推动了农业现代化的进程。基于作物长势处方图的农业植保无人机作业技术规范规定了农业植保无人机作业前准备、现场作业、作业后对无人机的维护及作业注意事项等要求。

作业前准备阶段明确规定了作业区域、人员、农药、气象条件、作业方案等方面的要求。作业区域及周边应选择高压线塔、电线、电线杆等障碍物少的区域；操作人员必须获得有关机构（AOPA 等）的培训证书，不得在酒后或者身体不适及疲劳状态下操控飞机，对农药过敏者也不能操控；作业前应查询作业区域的气象信息，包括温湿度、风向、风速等，保证作业后 2 小时内不能下雨，雷雨天气禁止作业，风力大于 3 级或室外温度超过 30 ℃禁止作业；根据作业区域地理情况、药剂种类及风向制定作业方案，在高清地图上直接规划植保无人机的飞行航线、高度、速度、喷幅宽度、喷雾流量等参数，制定突发情况的处理预案，确定农业植保无人机发生故障的紧急迫降点（远离人群）。

现场作业是植保无人机实施作业的阶段。作业前需再次检查作业区块及周边情况，确保没有影响飞行安全因素，起飞前需再次检查电池电压或燃料情况，检查飞机的状态。根据作业情况，观察飞行远端的位置和状态，以及喷洒的宽度、飞行高度、速度、距离、断点等，操作人员需要做出相应处理，做好无人机转场、更换电池、加注燃料和加药等工作，完成作业后，将作业记录汇总、归档保存。

作业维护是植保无人机非常重要的阶段，是安全作业的保证。作业完成后，操作人员需要做好农业植保无人机、遥控器、风速仪、充电器及电池等相关附件的整理与归类；做好清洁检查，排净药箱内的残留药剂并确保不污染环境，清洗喷头和滤网等所有配药器具，保证无残留物附着，燃油机需要排空剩余燃料，运动部件要涂防锈剂和润滑油，并检查和紧固螺丝；电池的充电与使用按电池的相关标准执行，作业完成后，应按要求分类整理摆放电池，并在电池防爆箱内标注使用和未使用；检查完毕后，应将农业植保无人机及辅助设备安全运回存放地存放。

作业注意事项规定了无人机作业过程中的要求，操作人员必须严格遵守。飞行范围应严格按照作业方案执行，飞行距离必须控制在视距范围内，同时操作人员必须了解作业地周围的设施及空中管制要求；飞行应远离人群，作业地有其他人员作业时严禁操控飞行；起降飞行应远离障碍物 5 米以上，平行飞行应远离障碍物 10 米以上并作相应减速处理；地面近距离操作维护保养时，必须切断动力电源，避免意外启动，防止发生事故。

二、作物生长数字化模型

作物生长数字化模型是构建农业生产高效栽培技术体系的前提与基础。作物生长发育是一个极其复杂的过程，包括很多生长阶段，不同作物的生长阶段也存在较大差异，一般来说都会经历营养生长阶段、营养生长与生殖生长并进阶段和生殖生长阶段。作物在生长的每个阶段都会受到环境、气象、土壤等因素的影响，进而表现出不同的性状特征，农业生产管理人员根据这些特征采取不同的管理措施，包括施肥方案、灌溉方案、病虫害防治方案、田间管理方案等。传统农业生产模式下，农技人员更多是依靠经验采取农艺措施，生产管理具有很强的主观性，精准化程度不高，而数字化技术将数据要素与农业全过程、全产业链有机融合，实现劳动替代、精准投入、环境监测、智能决策，这些举措正驱动传统农业向智慧农业转型升级。

作物生产信息数字化不仅仅是将采集的信息录入数据库系统，其更进一步的关键技术是对历史实际数据进行提炼和升华，从而建立数学模型，以数字的形式对真实系统进行再现和模拟，从而比较真实地反映现实世界。这些模型涉及大量的参数和变量，包括气候、土壤、植物、生物和管理措施，这些因素相互制约、相互影响，共同作用于作物产量、环境变化、生物迁移等。

水稻是我国非常重要的粮食作物，也是重要的商品粮之一。水稻问题关系到国计民生和国家粮食安全。水稻生产也具有典型特征，水稻叶龄模式法是采用最多的水稻生产管理方法，下面以水稻叶龄管理为例谈一下水稻生长数字化模型构建。

（一）水稻叶龄指标模型

水稻在生长发育过程中，主茎的叶片生长与其他叶片、蘖、茎、穗等器官的生长之间，存在较严密的器官同伸规律。根据这一规律，通过叶龄进程的调查，可推测出其他器官的生育进程，这就是水稻生育进程的叶龄诊断。

水稻不同品种的主茎叶数比较稳定，每片叶称之为一个叶龄，叶与其他器官有同伸关系，用叶龄做指标掌握水稻生长发育进程，可以确定水稻的生育时期及其相应的高产栽培技术和肥水管理"促""挖"措施，简便而明确。叶龄指标模型是集国内外有关研究成果，经多年研究建立的以高光效群体为中心的一种新型栽培理论及技术体系。

水稻叶龄模式的内容因建立地区不同、品种类型不同，叶龄模式而不同。故根据水稻各器官发生形成与主茎叶龄进程之间同伸、同步规则，建立不同地区主要推广品种的叶龄模式，也是在水稻生产过程加以应用的重要步骤。

（二）水稻叶龄识别及计算

叶龄通常从第一完全叶算起，按照出叶的早晚，对叶片进行编号，第一完全叶称为第 1 叶，第二完全叶称为第 2 叶，依次类推，最后的一片完全叶称为剑叶。

水稻叶龄识别方法主要有种谷方向法、主叶脉法、伸长叶枕距法、变形叶鞘法、最长叶法等。

在水稻叶龄计算中，以 N 叶露尖到叶枕露出的过程计算叶龄，首先，估算 N 叶的长度，以 N 叶下叶的长度加 5 厘米为 N 叶的长度，然后测量 N 叶实际抽出的长度，再除以估算的 N 叶的长度，作为 N 叶长度的比例。例如，计算 5 叶抽出过程的叶龄，首先估算 5 叶的长度，如 4 叶的定型长度为 11 厘米，则 5 叶的估算长度为 11+5=16 厘米，如 5 叶已抽出 2 厘米，则 2÷16=0.125，约为 0.1，即 5 叶已抽出 0.1 叶龄，此时调查的叶龄为 4.1 叶龄值，如此计算到倒数第三叶均按此法。倒二叶及剑叶按前一叶的定长减 5 厘米作为估算值，实际伸出长度除以估算值，即为当前叶龄值。

（三）水稻叶龄指标数字化模型构建

建立叶龄观察点，掌握叶龄进程，这是应用叶龄模式的基础工作。在这项工作中应根据品种、茬口的不同，分别设观察点，从秧田期（3 叶期）至抽穗，每隔 2～3 叶，在新展开的叶上用橡皮号码章标记叶龄，以便准确了解叶龄的变化动态，同时，采用数码相机对水稻叶片进行定点拍照和录像，构建叶龄指标模型库。

水稻不同叶龄阶段，对应不同的农事管理任务，应根据水稻主茎叶龄，记录相应的农事管理方案。根据器官同伸规律，通过叶龄进程的调查，可推测出各器官的生育进程，这就是生育进程的诊断；也可根据当时的叶龄进程，推测以后一段时间的叶龄进程，从而推测出幼穗分化、拔节、减数分裂、抽穗等关键时期，预知抽穗早晚。农户在移动端安装基于数据智能的叶龄模型化管理 APP，即可实现水稻叶龄管理，如图 3-3 所示。

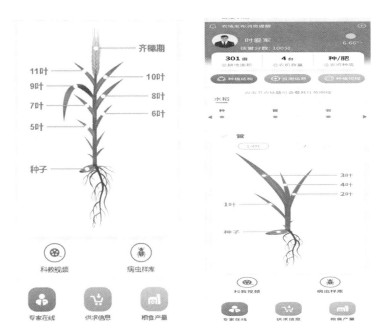

图 3-3 基于数据智能的叶龄模型化管理 APP

为实现水稻生产的优质、高产、高效，必须对其群体适时进行施肥、灌溉、植保等方面的管理。不同叶龄期的管理措施，所产生的效果也将表现在特定的叶龄期，并按器官同伸规律对相应的器官产生作用。因此，按主茎叶龄进行管理，构建基于叶龄指标的数字化模型，并依照模型进行水稻生产管理，是确保水稻高效生产的关键。

基于水稻叶龄指标的数字化模型，是一个反复迭代、不断修订的过程，模型与气象、土壤、品种等因素密切相关，同时应对照分析特定地区特点水稻品种的生产条件、栽培技术及生态特点，找出影响和限制高产的因素，进行关键措施的改进，形成促进水稻增产的优化方案。

三、高产栽培技术模式图

高产栽培技术模式图是作物生产、管理过程的数字化、可视化展示，能够展示更加丰富的信息，包括气温、节气、作物生育期、叶龄、株高等，为农业生产提供精准化指导。以水稻为例，水稻生育期大体分为两个阶段，即营养生长和生殖生长。水稻营养生长时期主要特点是根系生长，分蘖增加，叶片增多，营养器官形成，为水稻穗粒生长发育提供可靠的物质保障；生殖生长时期的主要特点是长茎长穗、开花、结实、形成和充实籽粒，这是夺取高产的主要阶段。水稻每个生长阶段又可细分为具体的生育期，营养生长阶段可分为幼苗期、插秧期、分蘖期和拔节期；生殖生长阶段可分为孕穗期、抽穗期、扬花期、灌浆期。

水稻的每个生育期都有各自的特点，在气象条件没有特别大的波动的情况下，各生育期的时间是确定的，对应的农事任务也是明确的。高产栽培技术模式图在水稻生产过程中起到至关重要的作用，农业生产人员依据模式图能够确定各阶段的农事任务。例如，什么时间应该施底肥，什么时间应该追肥，当前的气候条件下是否容易形成病害或虫害，具体的防治措施是什么，每个时期的生产注意事项，等等，这些问题都可以在高产栽培技术模式图中找到答案。水稻高产栽培技术模式图是水稻精细化种植、智慧化管理的依据，能够为水稻生产提供科学指导。水稻高产栽培技术模式图如图 3-4 所示。

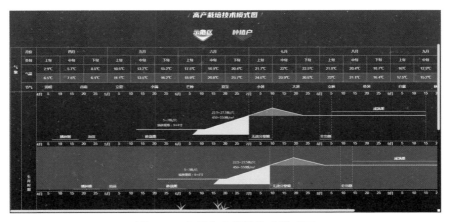

图 3-4　水稻高产栽培技术模式图

第三节　农业生产过程数据管理

农业生产过程数据是开展农业生产活动本身所产生的数据资源，包括投入品、农事生产管理、农情监测、农机作业等数据。

一、投入品数据

投入品数据主要指在农业生产过程中使用或添加的物质，包括种子、种苗、农药、地膜、化肥、农业生产工具等农用生产资料数据。这类数据对于农业生产质量安全溯源、农业成本核算等都具有重要意义。以投入品农药为例，标签和说明书应注明农药名称、有效成分及含量、剂型、农药登记证号或临时登记证号、农药生产许可证或农药生产批准文件号、产品标准号、企业名称及联系方式、生产日期、产品批号、有效期、重量、产品性能、用途、使用技术和使用方法、毒性及标识、注意事项、中毒急救措施、贮存和运输方法、类别、象形图等内容，在农药施用时，需要记录农药施用的数据信息，包括农药名称、施用时间、天气状况、作物种类、施用量、药剂品种、施用面积、药剂比例、施药器械、施药方法等，这些数据为农业生产管理人员掌握农业生产资料施用情况提供了依据，同时也为农业生产决策提供了数据支撑。农药配制和施用人员应做好安全防护工作，需具备一定的植保知识、身体健康，且经过专业技术培训。

二、农事生产管理数据

农事生产管理指的是耕耘、收获、贮藏等农业生产活动。农事生产活动根据流程主要包括播种、管理、收获 3 个方面。播种是农事生产的一个环节，不同地域、不同作物播种时间、播种方式等存在较大差异，一般来说，在播种阶段需要记录播种作物、种类、时间、气象等信息。作物播种后，农事生产即进入农事管理阶段，这一阶段周期长、环节多，是农事生产管理最重要的阶段，包括灌溉、施肥、除草、病虫害防治、深松等环节，每个环节的信息均需详细记载，这些数据是农业生产管理与决策的依据。以施肥为例，需要记录施肥时间、类型、施肥量、施肥面积、施肥方式、地块、天气状况等信息。收获是农事生产的最后阶段，作物成熟后即进入收获阶段，不同作物收获方式存在一定差异，就大田粮食作物来说，北方地块尤其是黑龙江垦区，集中连片，适宜于机械收获。机械收获不仅能够提高收获效率，还能够降低劳动力成本。收获阶段需要记录收获时间、作物、类别、地块、产量、费用等信息。

三、农情监测数据

农情监测伴随整个农业生产过程，是农业生产决策的前提与基础。监测不需要时刻进行，需依据农业生产监测规程在关键时间节点开展农情监测。不同作物具有不同的生长习性，监测时间与内容存在较大差异。从监测类别来看，主要包括长势监测、营养监测、病虫草害监测、自然灾害监测（旱涝、倒伏、霜冻等）、产量估测等。不同的监测平台获取的监测数据类型不同，包括矢量文件、视频影像数据、图片数据、文本数据等。以无人机平台监测作物长势为例，需要记录监测时间、作物品种、传感器类型、数据格式、数据量、天气状况、操作人员等信息，具体的农情监测技术将在第四章中进行详细论述。

四、农机作业数据

农机是农业生产过程中的重要元素，贯穿整个农业生产环节。在水稻插秧环节有水稻插秧机，土壤耕地整地环节有土壤翻地旋耕机、平地机，病虫害防治环节有地面和航空无人喷药机械，收获环节有针对各种作物的收获机械，包括水稻收获机、玉米收获机、大豆收获机等。农机作业的数据需要做好全方位记录，这些数据是下一阶段开展农事生产活动的重要依据，是农业生产管理不可或缺的部分。农机作业数据包括作业时间、地块、面积、农机类型、名称、质量、费用、作业人等。

第四节 农业资源要素可视化大数据平台

农业资源要素数据包括农业生产基础数据、农业自然资源与环境数据、农业生产过程数据、农业市场数据、农业管理数据等，这些数据经过采集、存储、处理、分析决策，以可视化的形式展现，为农业生产提供全方位的指导服务，从而构建农业资源要素可视化大数据平台。

一、农业资源要素数据采集体系

数据采集是大数据平台构建的基础。数据采集又称数据获取，是指对目标领域、场景的特定原始数据进行采集的过程，采集的数据以图像类、文本类、语音类、视频类等非结构化数据为主。

农业资源对象种类繁多，需要采集的信息也各不相同，这就决定了在数据采集过程中需要不同的采集设备。例如，在温室大棚内，温湿度、pH 值、光照强度、CO_2 含量是非常重要的监测指标，数据采集时就需要配备温度传感器、湿度传感器、pH 值传感器、光照度传感器、CO_2 传感器等设备。这些传感器根据设备参数设置，获取各监测指标数据值，数据存储在存储卡或者通过无线网络上传至服务器。对于大田作物，如水稻需要监测长势、营养、病虫害情况，可通过卫星、无人机、近地传感器实现不同尺度遥感数据采集，满足不同监测条件下农情信息的采集需求。

由于数据资源种类繁多、类型复杂，在数据采集过程中也面临诸多问题。一方面需要保证数据采集的可靠性和质量；另一方面还需要保证数据采集的时效性，这些问题为数据采集带来了一定的挑战。依据数据来源，可以将数据采集方法划分为基于感知设备数据采集、数据库信息采集、系统日志采集、网络数据采集 4 类。

（一）基于感知设备数据采集

这类数据采集主要通过感知设备获取，由于感知设备类型多种多样，感知设备获取的数据类型也存在较大差异，主要包括图像类、视频类、语音类、文本类 4 大类。

图像类数据主要通过各类图像传感器获取，包括各类摄像头、数码相机、多光谱相机、高光谱相机（成像仪）等，图 3-5 为 RedEdge MX 多光谱相机。

图 3-5　RedEdge MX 多光谱相机

视频类数据主要来源于摄像头的拍摄，摄像头的类型很多，按成像部件来分，可以分为 CCD 摄像头和 CMOS 摄像头；从外形来分，包括枪机式、球形、半球形、鱼眼式、针孔式、一体化式等，图 3-6 为用于农情信息采集的球形摄像头。

语音类数据的获取主要通过语音识别传感器，该类传感器可以用来检测并测量出声音波形，能够实现声音类数据信息采集。在农业领域尤其是畜禽智慧养殖领域可以通过声音信号，实现畜禽健康状态监测、疫病预警、饮食监测、情绪状态识别等，应用较为广泛。

图 3-6　用于农情信息采集的球形摄像头

　　文本类数据采集感知设备种类最为多样，如温湿度传感器、光照传感器、氨气传感器、CO_2 传感器、土壤墒情传感器、叶面积测量仪等，图 3-7 为手持活体叶面积测量仪。通常来讲，这类传感器单次采集的数据量不是很大，但采集频次较高，用户可根据实际采集需求进行传感器设置，传感器自身带有存储卡，可以实现数据存储，同时，数据也可借助搭建的无线网络传输至远程服务器，用户可通过平板电脑或手机等终端设备进行数据访问。

图 3-7　手持活体叶面积测量仪

（二）数据库信息采集

数据库信息采集主要针对农业生产过程中，非终端设备所产生的数据采集，如人员数据、部门数据、耕地数据等。根据农业生产数据类别构建农业资源要素数据库，并在这些数据库之间进行负载均衡，同时做好数据库备份。这类数据可以在数据库中进行录入，也可以以文件的形式进行导入。

（三）系统日志采集

系统日志采集主要是收集大数据平台日常产生的大量日志数据，同时基于管理系统实现对数据访问进行日志记录，包括日志查询、日志统计等。

（四）网络数据采集

网络数据采集是一种通过网络实现数据收集的方式。目前，应用较多的是借助网络爬虫工具获取数据，网络爬虫又称为网络蜘蛛，通过网络链接寻找网页，读取网页内容，然后在网页中再进行网页链接寻找，不断进行循环迭代，直到将所有相关联的链接网页内容抓取完毕为止。网络爬虫工具有上百种，大致可以分为通用 Web 爬虫、聚焦网络爬虫、增量 Web 爬虫、深层网络爬虫，比较有代表性的网络爬虫工具有"八爪鱼""火车头""神箭手""后羿采集器"等。

二、农业资源要素数据存储体系

农业资源要素数据采集体系获取的数据具有多源异构的特点，在数据类型、数据格式、数据大小等方面存在很大差异，单个文件既有占用超 GB 以上存储空间的影像文件，也有几 kB 大小的文本、日志文件，既有结构化的数据，也有半结构化和非结构化的数据。这就要求针对不同类型的数据，采用不同的存储策略。相较于数据格式统一的格式化数据，农业数据具有来源广泛、类型多样、结构复杂等特点，因此，农业数据存储及应用较其他领域发展得慢。

农业资源要素数据既有农业方面特性，也有大数据特点，从数据特征来看属于农业大数据。大数据存储系统一般由文件系统、数据库技术和编程模型组成，核心为数据库技术。目前，农业大数据的数据库从存储方式来看，主要有分布式数据库、NoSQL 数据库和云数据库。

（一）分布式数据库

分布式存储是目前公认的非常有效的大数据存储管理方法。Hadoop 则是分布式大数据框架的典型代表。分布式存储不同于集中式存储，并不是将数据存储在指定的服务器，而是将网络中的所有主机的存储空间组成一个虚拟存储设备，对外提供统一服务。HBase 是一种分布式存储系统，是开源的非关系型数据库，既可以存储结构化数据，也可以存储非结构化数据，在存储性能上明显优于关系数据库。分布式存储系统架构如图 3-8 所示。

图 3-8　分布式存储系统架构

（二）NoSQL 数据库

传统的关系型数据库已经无法满足农业大数据管理的可扩展与可用性需求，而 NoSQL 数据库恰恰能够弥补这一短板。NoSQL 数据库泛指非关系型的数据库，与关系型数据库相比，该类数据库可扩展性较为灵活，在海量数据存储方面具有明显优势，尤其是对于农业生产中所产生的数据，多数属于非结构化数据，这类数据采用 NoSQL 型数据库存储较为适合。目前，常见的 NoSQL 数据库主要有 Redis、Mongo DB、Hbase、OrientDB 等。

（三）云数据库

云数据库是指被优化或部署到一个虚拟计算环境中的数据库，它是以云为基础的一种共享基础架构，极大地增强了数据库的存储能力，具有高性能、高可用性和高扩展性等特点。云数据库并没有自己的数据模型，它所采用的模型既可以是关系模型，如微软的 SQL Azure 云数据库；也可以是非关系模型，如 Amazon Dynamo 云数据库。

在农业领域，云数据库在数据存储中的应用非常广泛，比较有代表性的有阿里云、腾讯云、华为云、百度云等，这些都是国内主流的公有云，也逐渐成了振兴农业的关键技术。云服务器能够提供简单高效、处理能力可弹性伸缩的计算服务，可以方便地建立数据中心，实现数据的存储和灵活访问。通过在云服务器端运行一个数据接收程序和数据库，实现农田信息的接收和存储。

三、农业资源要素数据分析与处理

农业资源数据处理过程主要包括数据采集、数据存储、数据分析与处理、数据可视化等环节。其中，数据分析与处理是非常重要的一个环节，基于采集的数据，通过 AI 算法挖掘出数据所蕴含的重要价值信息，为农业生产提供决策服务。

MapReduce 是一个对海量数据分析和处理的高性能分布式计算框架。与传统处理方式相比，MapReduce 在海量数据处理方面更为有效，通过对数据的输入、拆分和组合，实现计算任务的多点分发，进行分布式计算，具有很好的安全性、伸缩性和扩展性。当网络中某一节点崩溃时，该节点的任务会自动分配到其他节点，当平台算力资源紧张时，可以通过增加节点的方式，提高整个平台的计算能力。

由于农业大数据具有数据类型多、数据量大、不规则等特征，采集体系所获取的数据是不能直接用于分析决策的。要发挥这些数据的作用，需要对农业大数据进行精准、高效的数据挖掘。常见的数据挖掘方法主要有相关性分析、聚类分析、偏差分析等。

四、农业资源要素数据可视化

可视化作为一种数据信息呈现手段，以图形、视频、动画等形式展现，将数据和存储的信息转换为图形中的可视特征，能够给用户带来完美的视觉和听觉体验。农业生产要素大数据存在着时效性强、数据量大的特点，通过可视化技术，能够把地理空间、时间序列、逻辑关系等不同维度的数据呈现出来，用户可以形象、直观地理解数据背后蕴藏的价值、规律、趋势和关系，是可视化大数据平台不可缺少的部分。

农业大数据可视化平台是基于数据融合、数据挖掘、大数据分析等技术，结合农业空间布局和农业资源评价模型，对农业资源信息按不同视角、不同维度进行分析，从宏观、中观、微观等多个层面为各级农业生产管理部门提供农业资源信息综合统计、预测预警分析及各类专题图表输出功能，实现对农业大数据的数据挖掘和可视化，对于农情监测、农业生产决策等具有重要指导意义。农业资源要素数据可视化技术贯穿整个农业生产环节，具体应用案例如下。

（一）农业大数据平台可视化

图3-9为北大荒集团红卫农场智慧农业大数据应用服务平台，平台部署于云端，通过整合多渠道农业相关数据，依托数据挖掘可视化分析技术，面向用户提供数据浏览、查询、分析等应用服务，平台所展现的数据均来自系统后台决策。

图 3-9　北大荒集团红卫农场智慧农业大数据应用服务平台

（二）农业生产要素可视化

　　智慧农业大数据应用服务平台的一个重要功能模块就是农业生产要素可视化，平台基于大数据可视化技术，提供更为清晰、直观的数据展示。根据农业大数据时空特性和应用需要，充分融合大数据可视化技术，借助各类统计图表、分布热力地图、时间序列图等多种形式，将农业大数据以最为直观的方式呈现给用户，有助于农户找出海量农业数据中的规律，提取有价值的数据信息。北大荒集团红卫农场农业生产要素可视化系统如图 3-10 所示。

图 3-10　北大荒集团红卫农场农业生产要素可视化系统

（三）网格化农业气象信息可视化

农作物在正常生长的各个阶段需要适宜的气象资源条件，包括光、热、水、温等，这些自然资源要素信息对农业生产是非常重要的。农业对气象资源的依赖程度远高于其他行业，这是因为农业生产需要适宜的气象条件，但不同地区的气象条件相差较大，同一地区也存在"农业小气候"，不同的气候要素决定了农业生产要采取不同的应对措施。例如，在黑龙江第一二积温带水稻插秧时间一般为 5 月上旬、中旬，这一阶段，温度是最主要的气象要素，在插秧前就要与往年的同期气温进行对比，进而做出相应调整。

自然灾害特别是气象灾害是造成农业损失的最主要因素。气象灾害一旦发生，对农作物的影响是直接的，甚至可能是毁灭性的，所造成的损失是不可逆的。因此，构建网格化农业气象信息平台，及时发布农业气象信息，对于农业生产具有重要指导意义。

图 3-11 为北京首农集团双河农场网格化农业气象信息平台，可定制覆盖耕地 5 公里网格气象数据，提供每个网格区域的农业气象实时和预报数据，包括实时气象信息、预报气象信息和气象灾害预警信息。

图 3-11　北京首农集团双河农场网格化农业气象信息平台

第四章 ◉ • • •

空天地一体化农情综合
监测技术

　　农情信息的快速全方位获取是农业生产无人化、水肥药精准管理的前提和基础，而空天地一体化农情综合监测体系是实现农情信息快速获取最有效的方式。空天地一体化农业信息采集体系就像是精准聚焦的"眼睛"，全方位观测农业全产业链。通过空天地一体化的信息采集技术与装备，实现多源信息感知，如农田地块信息、生态环境信息、种植类型信息等，以此实现农业全产业链的动态监测、分析、诊断、决策。从"看天吃饭"进化到"知天而作"，空天地一体化的农业信息获取技术提升了农业生产决策水平，有效提高了农业生产效率。

　　那么我们普通农户是如何利用空天地一体化农情综合监测体系来助力农业生产的呢？小王最近两年通过网络渠道了解到空天地一体化农情综合监测技术，听说这项技术可以通过卫星遥感、气象雷达、地面自动站等设备，对农作物的生长状况、土壤水分、气象要素等数据进行实时监测，并通过数据分析和预测模型，为农民提供农情预报和决策支持。小王对这项技术非常感兴趣，于是他联系了当地的农情监测站，监测站的工作人员告诉他，可为他提供实时的气象数据和农情信息，帮助他预测降雨情况和选择适宜的种植方式。小王很快学会了如何使用农情综合监测技术，他通过监测站提供的数据，了解到降雨的时间和强度，并及时采取了防洪、防涝措施，减少了因天气变化而带来的损失。同时，他还根据监测站提供的土壤水分数据，实施精准灌溉，节本增效。小王还请教了智能农业专家苏教授对于这项技术的看法，苏教授解释道，空天地一体化农情监测技术不仅对农户有帮助，对于政府管理部门、科研机构和普通消费者都有帮助。但是苏教授认为目前的空天地一体化农情综合监测技术还不够完善，还需要不断改进和升级，进一步提高数据的精度和实时性，这样才能为农户带来更多的利益和帮助。

本章对空天地一体化农情综合监测技术中的空基——卫星遥感技术、天基——无人机遥感技术、地基——近地遥感技术及空天地一体化农情综合监测分别进行了介绍。

第一节　空基——卫星遥感一览无余

一、卫星遥感技术

卫星遥感具有视点高、视域广、速度快和连续性强等特点。卫星遥感调查在土地资源、森林资源、地质矿产资源、水利资源调查和农作物估产等方面具有广阔的应用前景。近年来，卫星遥感技术在农业上已经成了大范围监测的首选，百度地图、腾讯地图、高德地图、搜狗地图、360地图等多家地图服务商都上线了卫星地图服务。

在目前的卫星遥感平台中，我国针对农业领域的遥感卫星主要有高分、资源、吉林等系列，其中高分六号卫星是专门针对农业领域而发布的遥感平台。国外遥感卫星，应用较为广泛的有 Landsat 系列、Sentinel 系列、MODIS 系列等。卫星遥感平台可以实现亚米级至 30 千米空间分辨率的影像检测，在 1 ～ 15 天的重访周期内，可以满足多种功能需求的农业应用。例如，进行土地观测可以选择 15 天重访周期的卫星平台（如 Landsat 8），进行作物长势观测可以选择 5 天（针对关键生育期）重访周期的卫星平台（如 Sentinel--2）。获取的卫星影像数据，需要进行"选取原始图像、坐标校正、图片调色、拼接镶嵌、质检出图"等处理操作，对专业知识能力要求较高，需要从事遥感的专业人员进行遥感解析。图 4-1 为卫星遥感技术示意。

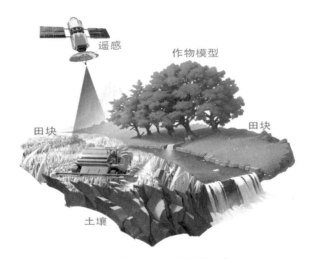

图 4-1　卫星遥感技术示意

（一）光学遥感

1. 紫外遥感

紫外遥感是指利用紫外波段进行地物探测的遥感，波段范围为 $0.05 \sim 0.38 \ \mu m$。在大多数情况下，大气紫外散射光谱对大气密度、大气臭氧、气溶胶及其他微量气体的密度和垂直分布极为敏感，利用紫外光谱观测可以同时监测整层大气密度和臭氧等的三维分布，因此被广泛应用于大气监测领域。

2. 可见光 / 反射红外遥感

可见光 / 反射红外遥感是指利用可见光波段、红外波段和短波红外波段进行探测的遥感，波段范围为 0.38 ～ 2.50 μm。其中，0.38 ～ 0.76 μm 是人眼可见的波段，0.76 ～ 2.50 μm 为反射红外波段，虽然人眼不能直接看见，但其信息能被特殊遥感器所接收，如高光谱遥感和超光谱遥感。它们的共同特点是辐射源为太阳。这两个波段只反映地物对太阳辐射的反射，所以可以根据地物反射率的差异来获得其相关信息，可以用摄影方式和扫描方式对观测区域成像。

3. 热红外遥感

热红外遥感是指利用中、远红外波段进行地物探测的遥感，波段范围为 2.5 ～ 1000 μm。热红外遥感通常是通过红外敏感元件探测物体的热辐射能量，显示目标辐射温度或热场图像的遥感技术的统称。在常温（约 300 K）下，地物热辐射的绝大部分能量都位于此波段，因此，此波段上地物的热辐射能量大于太阳的反射能量。热红外遥感具有昼夜工作能力。

（二）微波遥感

微波遥感是指利用微波波段进行地物探测的遥感，波段范围为 1 ～ 1000 mm。微波遥感通过接收地物发射的微波辐射能量，或接收遥感仪器本身发出的电磁波束的回波信号，对地物进行探测、识别和分析。微波遥感的特点是对云层、地表植被、松散沙层和干燥冰雪具有一定的穿透能力，又能夜以继日地全天时、全天候工作。

合成孔径雷达（Synthetic Aperture Radar，SAR），是一种主动式微波遥感技术，具有不受气候和环境影响、能够长时间稳定连续地获取地表信息等优点。近些年星载 SAR 及其衍生技术不断发展，被广泛应用于农业、林业、海洋、灾害监测等多个领域。

不同农作物的冠层结构、几何特性和介电特性在 SAR 图像中具有不同的特征表现，这可以作为农作物分类的依据。研究证明，将光学遥感、地面监测及 SAR 数据结合可显著提高农作物的分类精度。例如，通过后向散射差异可以区分水稻的种植方法，这样就可以对不同季节、不同环境的水稻种植进行规划和管理。该方法同样可以应用于农作物发育状况的监测，农作物的发育可由生物量、株高、密度等参数体现，这些都和播种天数有明显的相关性。此外，SAR 影像还可以对土壤湿度和植被含水量进行评估。图 4-2 为基于 SAR 影像的水田区域提取。

在土地覆盖变化监测和地物类型划分时，利用多频率、多极化 SAR 数据，结合光谱特征、纹理变量信息和极化属性可保留地物几何特征，在一定程度上避免了噪声干扰，帮助分析目标的多种属性，提高分类精度。此外，相比于单时相分类，利用多时相干涉 SAR 的数据得到的分类结果更加精确，能够更好地分辨土地覆盖随时间变化的情况。

图 4-2　基于 SAR 影像的水田区域提取

二、卫星遥感应用

（一）农业资源调查

受到自然环境、气象灾害、地质灾害等因素的影响，农业生产过程往往具有一定程度的不可预测性。农业生产虽存在诸多变量，但也不是无规律可循的，面对不确定性带来的挑战，可以通过农业监测来达到精准管控和预警的目的。农业资源监测包括耕地资源调查、农业基础设施调查、种植类型调查等。传统生产模式下，这些信息通常是通过田间走访或是农户自主上报，收集到的数据往往不够客观，缺乏准确性。借助卫星遥感平台，可实现目标区域周期性重访，得到连续的观测信息，且数据的回收效率也更高。近年来随着遥感技术的不断推广，利用遥感手段大面积调查农业资源已成为常态。同时，利用遥感手段能够获取的农业资源数据也越发多样，已经不局限于耕地面积、种植类型等数据，随着时序遥感数据的不断完善，针对生产进度等时效性内容，利用遥感技术也能有效监测。例如，在水稻种植阶段，主管部门需要对田间翻地进度、泡田进度、收割进度等进行监测，从而对年度粮食生产进度进行把控。

（二）作物产量估测

在传统经验中，可以根据作物的品种特点、长势长相、气候条件、病虫害状况等因素估算作物的单位面积产量，而在现代农业中如何完成作物产量估算呢？可以通过遥感技术进行测产。应用光学、电子和电子光学仪器接收地面农作物辐射、反射和散射的电磁波信号，通过无线电传送到地面接收站，借助电子计算机进行处理加工，从中提取对农作物生长状况的信息，再根据地面农作物的光谱特征，判别农作物的种类、生长情况和土壤情况，进行动态分析。总结多年估产相关的研究后发现，遥测农作物产量可按下列模式测算：农作物产量＝田亩数 × 最大产量 × 气候系数 × 事件系数 × 管理系数。

其中，田亩数是指生长某一种类作物的土地面积；最大产量是指反映气候与农业变量影响下，土地的最大生产能力；气候系数是指计及气象反常的理想最大产量；事件系数是指遭受破坏事件（如冰雹、洪水、风暴和病虫害等）对产量的影响；管理系数反映经济与技术发展对产量的影响，如某作物采用新品种，可使实际产量高于最大产量。

第二节　天基——无人机遥感俯瞰全域

本章节主要对无人机平台有关农业监测的内容进行说明和介绍，无人机平台在农业植保、作业等方面的内容将在本书第六章智能农机装备中进行具体介绍。

一、无人机遥感技术

航空遥感又称机载遥感，是指利用各种飞机、飞艇、气球等运载工具搭载不同传感器在空中进行遥感监测的技术，是由航空摄影侦察发展而来的一种多功能综合性探测技术。航空遥感平台一般是指高度在 80 千米以下的遥感平台，主要包括飞机和气球两种。目前在农业产业中，主流应用平台为无人机遥感平台，如固定翼、多旋翼、自转旋翼、复合翼等。无人机遥感平台的主要优势是飞行高度较低，机动灵活，而且不受地面条件限制，调查周期短，无人机在高度、速度上可控，可以根据需要在特定的时间、地区作业，还可以携带多种传感器，获取多种数据类型，满足不同的研究需求。

相比于卫星遥感，航空遥感在农业种植结构调查、农作物生长监测、农作物品种判别、土地确权流转信息核算等方面具有明显优势，数据精度更高。例如，在作物生长监测方面，可得到比卫星遥感精度更高的作物生长监测诊断图，包括营养处方图、长势分级图、病虫害趋势评估图、产量预测图、品质等级评价图等。

但是，航空遥感在作业效率方面存在诸多限制，比较适合在园区尺度（2 万亩以内）进行作物生长情况的精准监测，对于大面积（超过50 万亩）作物精准监测存在困难。同时航空遥感还需要兼顾人员、无人机、机载监测设备等多方面因素，在运输、使用、调节、作业、安全保障等多项工作方面进行协调，因此平均成本相比卫星遥感成本高。

（1）多尺度监测固定翼无人机

图 4-3 为东北农业大学农业无人机团队自主研发的适用于大面积

监测的固定翼无人机，其翼展 4.5 米，采用德国 3W56 发动机，航时 3 ～ 4
小时，单次作业面积 3 万～ 4 万亩以上，飞行时速 108 千米／小时，
起飞重量 40 千克，有效任务载荷 6 千克，具有自主起降功能。

图 4-3　适用于大面积监测的固定翼无人机

（2）多尺度监测多旋翼无人机

多旋翼无人机的机身结构多种多样，根据可连接机臂数量可分为
四轴、六轴、八轴。不同机臂数量优势不同，可根据不同应用场合灵
活选择。在要求高航时的行业应用领域，如植保、电力巡线，可采用
四轴飞行器；在要求飞行器稳定的行业应用领域，如航拍、摄影等，
可采用六轴飞行器。图 4-4 为多种主流多旋翼无人机。

图 4-4　多种主流多旋翼无人机

（3）多尺度监测复合翼无人机

复合翼无人机（垂直起降）完全不受起降场地约束，飞行安全性更高，当飞行角度过大或高度异常时，四旋翼系统会自动介入，提高飞行平台的稳定性，图4-5为垂直起降复合翼无人机，翼展2米，航时2小时，单次作业面积2万亩以上，整机采用复合材料制成，飞行时速80千米／小时，起飞重量12千克，有效任务载荷2千克。

图4-5　垂直起降复合翼无人机

二、无人机遥感应用

（一）作物营养监测

传统农业中主要依据颜色对作物个体、群体进行营养判定。以水稻为例，主要依据水稻中氮素含量指标进行判定，当水稻自身营养缺乏时，会出现叶片发黄、分蘖不足、叶茎中空、个体脆弱等现象。水稻氮素含量的判定需要参考作物群体表现，水稻个体瘦小也跟土壤、气象、病虫等信息相关。例如，2018年5月5—10日黑龙江省中西部遭遇极端天气，气温骤降至 −5 ℃，造成生育前期水稻叶片功能受损，分蘖不足，整个区域尺度内长势、营养判定结果几乎相同，但是随着后期气温的逐步提高，光照的日渐饱和，作物氮素含量与去年同期相比保持一致，并未受到持续降温等影响。

通过遥感解析，水稻叶绿素含量与氮素含量呈线性关系，叶绿素含量可通过植被指数（NDVI/RVI）等依据光谱差异进行反演，通过构建反演模型，利用无人机、卫星等多遥感平台构建大区域尺度内的作物基本营养分布，图 4-6a 为黑龙江省方正县 2016 年7 月作物营养含量分布图，可以看出 7 月作物营养分布较为均衡。图 4-6b 为黑龙江省庆安县 2018 年 6—7 月水稻拔节、抽穗期作物营养含量变化情况，通过氮素分布的差异性可以清晰地判断作物的营养差异性。

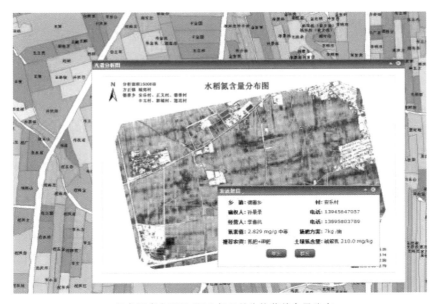

a 黑龙江省方正县 2016 年 7 月作物营养含量分布

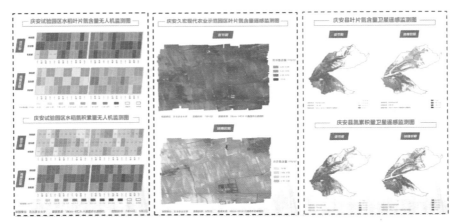

b 黑龙江省庆安县 2018 年 6—7 月水稻拔节、抽穗期作物营养含量变化情况

图 4-6　作物营养含量分布及变化

（二）水稻倒伏监测

水稻倒伏监测一直是农业保险关注的重点，水稻倒伏面积的精准提取与计算是农业保险的依据，使农户与保险公司的利益均能够得到保障。由于无人机遥感的空间分辨率较高，同时监测目标区域范围较大，无人机遥感成了水稻倒伏区域监测的最佳选择。图 4-7 为无人机监测水稻倒伏分析。

图 4-7　无人机监测水稻倒伏分析

（三）作物表型获取

作物表型（表现型），顾名思义就是指可以观测的生命体性状和特征，如形状、结构、大小、颜色等。表型的精准度量已成为深入认识生命现象形成规律的基础，系统解析生命复杂系统的突破口。作物的表型不仅决定产量，还决定品质。

近年来，大面积作物的表型获取方法已经开始由人工向数字化转变，表型获取多采用无人机及近地监测平台，搭载如高分辨率相机、多光谱相机、双目摄像头、激光雷达等传感器采集数据，进而分析提取作物表型信息。作物表型组学研究集农学、生命科学、信息科学、数学和工程科学于一体，将高性能计算技术和人工智能技术相结合，探索复杂环境下作物生长的多种表型信息。作物表型组学研究的最终目标是构建有效的技术体系，能够以高通量、多维度、大数据、智能、自动测量的方式对作物进行表型分析，创造出一种多形态、多尺度、表型＋环境＋基因型条件下获得大数据的工具。图4-8为利用无人机拍摄的点云数据重构后的玉米数字外观形态，以此能够大范围精准提取单株玉米的表型数据。

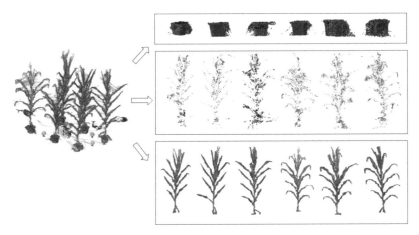

图 4-8　利用无人机拍摄的点云数据重构后的玉米数字外观形态

第三节 地基——近地遥感精准辨析

一、近地遥感技术

采用近地手持设备或将传感装置安置在地面、低塔、吊车等近地装备上进行遥感监测，这种方式称为近地遥感或地面遥感。随着物联网、自动化技术的发展，近地遥感设备主要采用具有高集成度的手持监测设备进行数据采集，如 ASD 地物光谱仪，该设备具有超高稳定性和准确性，是地块尺度的验证和校正的标准。使用手持光谱仪可以进行不同地物的光谱特征采集，结合卫星遥感及航空遥感数据进行对比校正，为地物分类、作物识别、长势营养判定提供基础参考。相比于卫星遥感及航空遥感，近地遥感精度更高，分辨率可达 2～5 厘米，具有高精度、高准确性等优点，监测效果较好，尤其适用于作物表型信息获取。但由于其监测范围有限，无法完成大尺度监测，因此，近地遥感装备通常用于模型定标及验证。

高点远程监控系统是最常见的近地遥感技术之一。高点远程监控系统基于互联网、多媒体、计算机网络远程通信、视频监控等技术，实现信息采集、存储、处理等多种功能，提供远程实时监控和告警信息共享。在农业生产中能实现实时在线监控、应急保障等多种功能。近年来，随着计算机视觉及人工智能技术的快速发展，基于高点监控平台能够监测的农田场景也越来越丰富，如作物株高、水稻叶龄、农机行为及作业状态等。同时，搭载不同传感器的近地监测平台也能够精准获取植被指数、点云数据等，传输实时数据至云服务器进行深度解析，多样化的场景应用为智慧农业开拓了新的视野。图4-9为田间高点远程监控系统。

图 4-9　田间高点远程监控系统

二、近地遥感应用

（一）作物生境及生长信息监测

随着物联网技术的不断发展，农业生产中已开始通过田间的无线传感设备获取环境和作物信息，改变了传统农业中通过人工测量获取上述信息的方式，有效降低了人力消耗及对农田环境的影响。通过在农田中安装各种不同功能的传感器，包括温度传感器、湿度传感器、pH 值传感器、光传感器、离子传感器、生物传感器等设备，实现环境中各物理参数的精确检测，如温度、相对湿度、pH 值、光照强度、土壤养分、CO_2 浓度等。各传感器可接入物联网数据云平台实时显示，获取的数据可作为重要控制参数参与智能控制，可以对作物生长环境、生长状态、长势等进行监测。图 4-10 为农业物联网作物生长监测系统。

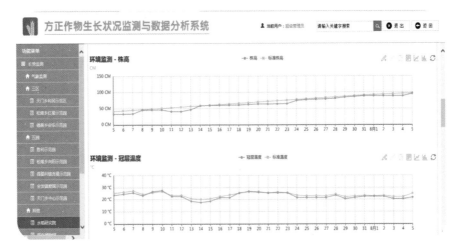

图4-10 农业物联网作物生长监测系统

（二）病虫害监测

作物病虫害监测一直是农业生产中的重点。近年来，新型传感器、机器视觉等技术快速发展，为病虫害预警提供了有效手段。目前基于温湿度方法对水稻稻瘟病预警已经取得较大进展，通过对高温高湿环境的实时监控，利用智能决策系统及时预警预报稻瘟病。虫病测报主要采用灯诱虫情测报设备及远程孢子捕捉设备，如二化螟等虫病可通过孢子捕捉仪等采集孢子数量，利用4G/5G光纤等传输方式将前端设备采集的图片和数据信息上传至服务器，软件系统基于深度学习的方法判断估测孢子数量，结合专家系统作出病、虫种类和数量的判断，并给出虫害等级评价结果。图4-11为田间作物病虫害监测系统。

图 4-11　田间作物病虫害监测系统

第四节　空天地一体化农情综合监测

一、农业生产的明亮"眼睛"

　　空天地一体化农业信息采集体系就像是精准聚焦的"眼睛"，全方位观测农业全产业链。通过空天地一体化的信息采集技术与装备，实现多源信息感知，如农田地块信息、生态环境信息、种植类型信息等，以此实现农业全产业链的动态监测、分析、诊断、决策。图 4-12 为空天地一体化监测体系示意。

　　在空天地一体化监测体系中，北斗导航技术、高分辨率卫星遥感技术与物联网、云计算等新一代信息技术，为空中作业的无人机群、地面的大型无人驾驶农机提供实时、动态、三维的地理信息及定位数据等农业精准服务，同时在数据资源管理、数据监管与和安全监管上，通过大数据管理平台，提高农业生产、作业效率及农产品质量。

图 4-12　空天地一体化监测体系示意

在农业中大尺度监测多采用卫星遥感，可以实现不同尺度、不同精度的区域全方位覆盖。卫星遥感较适用于长时效性监测，2～30 天过境一次，通过多种资源卫星（高分系列、风云系列、资源系列、Landsat、Sentinel、Planet）可实现大尺度区域（100 万～200 万亩）监测（如县域），空间分辨率跨度从亚米级到 30 千米，可对不同区域尺度作物长势、养分等信息进行监测，利用本地化模型进行解析，形成区域内种植结构、作物长势、产量分布趋势图等，为农业生产决策提供数据支撑。航空遥感较适用于高精度实时监测，通过飞行器（有人机、无人机等）携带传感设备（光谱相机、CCD 相机、红外相机）实现小区域尺度农情精准监测（如 1 万～5 万亩园区），地面分辨率可达 5 厘米，可对园区尺度内株高、氮素、叶面积指数、生物量等信息进行精准监测，反演生成长势、营养、病虫害、产量分布图，给出高精度作业处方图，从而指导精准施肥、灌溉及植保作业。而近地遥感适用于地面定标及校正，通过在田间部署高清视频监控系统，利用手持设备、传感网络等实现地块尺度（1～30 亩）监测，对整个生产过程如耕地、种植、喷施化肥农药、收割等环节进行全程监控和解析，空间分辨率可达到厘米级。通过多尺度遥感技术的全方位监测作物的长势、营养及产量预测提供重要的模型参考，同时也为精准植保作业提供实时作业指导。

二、多源多尺度遥感融合技术

多源多尺度遥感融合技术是通过卫星、航空、近地等多种平台进行信息采集，实现多源异构信息组网采集与融合。这项技术弥补了单一数据来源劣势，为数据时相连续性、光谱波段连续性提供保障，可有效提升对农情监测的数据支撑。图4-13为多尺度遥感数据采集硬件。

图4-13　多尺度遥感数据采集硬件

多尺度影像融合技术通常是指多光谱图像与高分辨率全色图像之间的融合。它不仅保留了多光谱图像的光谱特征，而且改善了多光谱图像的空间信息。融合后的新图像，地形纹理清晰、色差明显、地形边界清晰，有利于图像的解析，分类精度显著提高。影像融合的方法很多，大体可以分为3个层级：像素层融合、特征层融合和决策层融合。

像素层融合是一种低级融合技术，直接在收集的原始数据层或其转换数据层上执行。它是对融合图像中有用信息的补充、丰富和增强，使融合图像更符合人眼或机器视觉，更有利于图像的进一步分析和处理。融合算法可以分为两类，即基于频谱域的融合和基于空间域的融合。

特征层融合是更高级别的融合。这种融合技术首先提取并分类各种数据源的特征，然后对这些特征进行综合分析和合并。融合的结果可以反映大多数信息，并减少计算过程中的数据量。缺点是它不是基于原始图像的数据，并且在特征提取过程中不可避免地会丢失一些信息。

决策层融合是基于图像理解和识别的最高级别融合技术。首先，对原始图像进行特征提取和一些辅助信息的参与；其次，利用判别准则和决策规则对有价值的数据进行判断、识别和分类，然后，对这些有用的信息进行融合；最后，提升决策准确率。图4-14为多源异构信息组网采集系统示意。

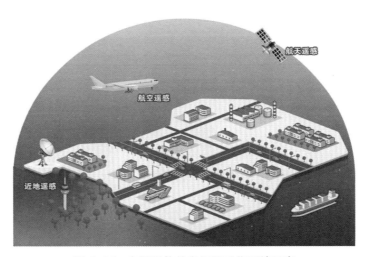

图4-14 多源异构信息组网采集系统示意

受卫星重访时间、分辨率限制，农业遥感监测时往往需要将多平台卫星数据进行融合，获取高空间、高时间、高光谱分辨率的遥感影像数据集。利用多源数据融合技术，经遥感解译，结合地面数据验证，可在卫星尺度实现对区域内作物信息的深度挖掘，从而生成农田作物种植结构、长势、养分、病虫害、产量预测等智能分析及专题，以此为基础提供决策与诊断服务。

三、空天地一体化农情监测体系应用

（一）作物长势监测

传统农业中作物长势的判定标准主要依据农作物发育阶段个体和群体的基本长势情况。作物生长长势是指植物生长发育的旺盛程度。例如，新梢生长的长度、粗度和叶片的大小，生长量越多、越壮、越快的，生长势越强；生长量越少、越弱的，生长势越弱。生长势是作物生命力的客观反映。其中水稻、玉米、大豆等大宗农产品长势主要划分为三类，即一类苗、二类苗和三类苗。其中一类苗指生育正常且健壮的苗，二类苗指比正常苗偏小、偏弱的苗，而三类苗指病苗、小苗和弱苗。从以上描述可以看出，传统农业对作物长势的判定基于人为经验因素较多，一类苗到三类苗的判定标准完全依据个人经验，仅凭农户"看苗"给定标准，缺少固定量化标准，无法形成统一的标准，往往造成一片地一种长势的结果。如何构建单体、群体、区域范围内统一的作物长势标准至关重要。

在现代农业中，物联网、大数据、遥感解析、人工智能等技术共同为作物长势评价提供技术支撑。手持设备如叶面积指数仪、叶绿素含量检测仪等可以采集田间作物的真实长势信息，并与遥感平台基于获取的光谱信息所计算的植被指数进行联系，以地块为最小尺度，构建基于区域尺度内的作物长势模型。在作物各个生育进程内进行长势模型的迭代和校正，最终生成适用于当前区域内的作物长势模型，再依据模型生成覆盖区域进行管理的作物长势分级图。图4-15为作物长势监测分级图。

图 4-15　作物长势监测分级图

（二）农业灾害监测

传统的农业灾害监测和调查方式耗时、费力、效率低、误差大。20 世纪 60 年代，遥感技术开始出现并不断发展成熟，在一定程度上弥补了传统农业灾害监测方法的不足。与传统的农业灾害监测技术相比，遥感监测技术具有宏观性、经济性、动态性、时效性等特征，已成为传统农业灾害监测的重要补充，具有十分广阔的应用前景。

1. 旱灾

农业旱灾是我国最常见、影响最大的气候灾害，每年因干旱造成粮食减产和经济损失约占气象灾害造成经济总损失的 50%。监测过程主要通过分析水分短缺对社会经济的影响情况，确定旱灾的具体等级，因此对旱灾的评估还应该考虑地域和时空的差异性。使用遥感技术对干旱情况进行监测，主要是通过地表红外波段反射率进行连续监测，并评估指定干旱指数，针对不同区域定期发布旱情分布图。

2. 洪涝

洪涝灾害是一种突发性强、危害性大、时空分布广的自然灾害。洪涝灾害遥感监测主要包括洪涝灾害面积提取和洪涝灾害程度（水量、水深）的监测。对洪涝灾害的评估主要指对致灾因子、孕灾环境、承灾体的监测，遥感技术监测过程提供的数据主要有受淹范围、历时和承灾体。

3. 风雹灾

我国是受风雹灾影响较为严重的国家之一，每年的风灾尤其是台风灾害给我国造成的直接经济损失都在百亿元以上，农作物受到风雹袭击的时间虽然很短，但是风雹时常常伴有狂风暴雨，引起大面积农作物倒伏，在风雹灾的影响下，作物枝叶会被破坏甚至打落，受损的枝叶还会变黄枯萎，使作物大面积减产甚至绝收，是一种对农业生产破坏性极大的自然灾害。遥感技术针对风雹灾害监测过程提供的数据主要有作物受灾范围和受灾等级，主要监测对象是作物在受灾前后的生长变化。

此外，农作物冻灾、火灾、沙尘暴等也是我国农业较为严重的灾害。遥感技术在农业灾害监测中无论在时效性、空间性还是在经济性等方面，与传统的农业灾害监测手段相比都具有十分明显的优势，正逐渐成为我国农业灾害监测的重要手段并具有广阔的应用前景。

参考文献

[1] 中国气象局.卫星遥感监测技术导则霾：GB/T 42190—2022[S].北京：中国标准出版社，2022.

[2] 中华人民共和国农业农村部.农业遥感监测无人机影像预处理技术规范：NY/T 4151—2022[S].北京：中国农业出版社，2022.

[3] 安徽省市场监督管理局.卫星遥感农作物病虫害监测信息处理与发布技术要求：DB 34/T 3801—2021[Z].2021.

[4] 农业农村部发展规划司.面向农业遥感的土壤墒情和作物长势地面监测技术规程：NY/T 3921—2021[S].北京：中国农业出版社，2021.

[5] 中国气象局.卫星遥感冬小麦长势监测图形产品制作规范：QX/T 364—2016[S].北京：全国农业气象标准化委员会，2016.

[6] 国土资源部.土地利用动态遥感监测规程：TD/T 1010—1999[S].北京：中华人民共和国国土资源部，2015.

第五章 ◉ ● ⋯ ⋅

农业生产智能决策服务技术

　　我国已经驶入全面推进乡村振兴、加快农业农村现代化的快车道，在目前农业产业快速发展的阶段下，对农业生产提出了更高的要求。现代农业已经不是原来的"拍脑门""靠天吃饭"的产业，随着现代信息技术与农业的深度融合，农业数字革命在田间沃野悄然进行，AI农业正成为中国农业的新赛道，而智能决策技术体系是非常重要的一环，在智慧农业发展中具有不可替代的作用，是农业生产的"大脑"，能够显著提升管理者对农业生产的实时控制和精确管理能力，从而实现农业的资源优化配置和科学智能决策。

　　年轻人小欣望着绿油油的稻田，心里却有些犯难，小欣虽然是农业大学毕业的大学生，但在种地方面他觉得自己是个"菜鸟"。水稻什么时期施肥、施多少肥、怎样施肥，水稻是否感染了病虫害，怎样进行防治等问题令他头疼不已。小欣想起了大学讲授智慧农业课程的苏教授，苏教授知识渊博，上大学时给他留下了很深的印象。苏教授认为，随着现代信息技术与农业的深度融合发展，农业数字革命在田间沃野悄然进行，AI农业正成为中国农业的新赛道，而智能决策技术体系是非常重要的一环，各类农业生产智能决策服务平台应运而生，在智慧农业发展中具有不可替代的作用，是农业生产的"大脑"。例如，水稻倒伏是常见的农业灾害，灾害发生后，农户在联系保险公司进行理赔时，常常会因为倒伏面积测算数据不一致而产生分歧，智能决策平台能够给出精准的数据，为农业保险理赔提供依据，同时也为农业生产管理部门开展灾害救援提供数据支撑。未来中国的智慧农业将形成以人工智能、大数据等技术为引领，智能决策技术为核心的发展模式，农业土地产出率、农业劳动生产率和资源利用率将会得到极大提升，中国农业未来可期。

　　农业生产智能决策可以理解为"模型→决策（大脑）→应用"的过程。本章由三节内容组成，第一节中智能决策技术是基础，其核心技术是机器学习技术，知识图谱技术近年来在智能决策领域也有广泛应用，农业生产智能决策模型是智能决策的依据，也是决策成败的关键，农业生产的智能模型包括作物生长模型、水肥调控模型、产量评估模型等；第二节农业生产智慧大脑是决策执行，根据分析结果进行决策，包括经营策略、种植方案、环境调控或农机（如无人机、播种机）的操控；第三节农业生产智能决策服务平台为农业生产提供决策指导服务，并配实例加以说明。本章研究对象为种植业大田粮食作物，有关养殖、设施、渔业等相关内容，将在后续章节中介绍。

第一节　农业生产智能决策技术与模型

一、智能决策技术

　　当前，智能决策技术已广泛应用于工业、商业、交通、农业等领域，在实际应用中扮演着非常重要的角色，对社会发展起着积极推动作用。在农业领域，智能决策技术的应用案例比比皆是，如农业生产施肥推荐、病虫害趋势预测、农业灾损估测、产量预测等。与智能决策密切相关的技术主要有机器学习技术、知识图谱技术等。

（一）机器学习技术

人工智能的核心是机器学习算法，机器学习技术通过大量的数据进行模型训练，自动发现和挖掘有用的信息并做出决策，即从大量的数据中挖掘有价值的信息，因此机器学习的三要素为数据、算法和模型。机器学习的核心是分类技术和回归技术，主要目的是通过大量对象的所属类别实现分类划分。例如，在农业领域，农业生产病虫害预测问题，可以采用回归方法通过大量数据训练，构建预测模型，进而实现智能决策，为病虫害防治提供科学指导。再如，作物营养监测，可以通过地面样本点采样，之后对无人机或卫星遥感影像数据进行特征提取，基于机器学习算法实现作物营养诊断，为作物施肥提供决策处方，实现科学指导施肥。

机器学习算法很多，常用的监督学习算法主要有支持向量机（Support Vector Machine，SVM）、决策树（Decision Tree）、K-近邻算法（K-Nearest Neighbor，KNN）等，非监督学习算法主要有主成分分析（Principal Component Analysis，PCA）、K-均值聚类（K-Means）、奇异值分解（Singular Value Decomposition，SVD）等。

（二）知识图谱技术

知识图谱是以图形式描述真实世界中存在的各种实体或概念及其关系的结构化语义知识库。知识图谱彻底改变了传统意义上的信息检索方式，它通过解释概念之间的语义和属性关系进行推理。

知识图谱技术在农业领域应用广泛，尤其在智能问答、智能推荐方面已有很多成功应用的案例，如作物种植品种、施肥方案推荐、农业知识问答等；在农业病虫害诊断方面，在病虫害数据库基础上，通过病虫害知识的表示、抽取、存储和推理等技术构建农业病虫害知识图谱，实现病虫害知识问答。由于农业领域具有实体种类繁多、构词复杂等特点，再加之公开的农业领域词库较为缺乏，利用现有的词库在农业领域数据集进行分词效果还有待提升，这对农业知识图谱应用提出了新的挑战，但从整体发展趋势来看，农业知识图谱是未来研究的热点之一。

二、农业生产智能决策模型

决策模型是智能决策的前提与基础，也是决策的依据，决策模型的质量直接决定着决策结果的精度。农业生产决策模型并没有一个统一的划分标准，采用不同的划分标准可以划分为不同的类型，按不同的功能特征可分为经验模型与机制模型、描述模型与解释模型、统计模型与过程模型、应用模型与研究模型、单一模型与综合模型等；从实际应用来看，又可划分为作物生长模型、水肥调控模型、产量评估模型、农业生物灾害监测模型、农业气象灾害评估模型等，具体如表5-1所示。

表 5-1　农业生产智能决策模型

序号	模型名称	典型模型／方法
1	作物生长模型	WOFOST、DSSAT、Aqua Crop 、APSIM、EPIC、ORYZA、CropGrow 等
2	水肥调控模型	Aqua Crop、DSSAT 等
3	产量评估模型	WOFOST、CGMS-China 等
4	农业生物灾害监测模型	神经网络、回归分析、主成分分析、方差分析等
5	农业气象灾害评估模型	Aqua Crop、SAFY-WB 等

这里，以作物生长模型为例，分析农业生产智能决策模型。作物生长模型可定义为借助于数值模拟手段对作物生长发育的生物学过程进行动态模拟。具体而言，作物生长模型是从系统科学的角度，基于作物生理过程机制，将气候、土壤、作物品种和管理措施等作物生长影响因素作为一个整体系统的数值模拟系统。比较具有代表性的作物生长模型有 WOFOST、DSSAT、Aqua Crop 、APSIM、EPIC、

ORYZA、CropGrow 等,如图 5-1 所示。好的作物生长模型具有通用性,能够打破跨区域、跨作物品种限制。近年来,作物生长模型已成为农业生产定量评价的重要手段之一。

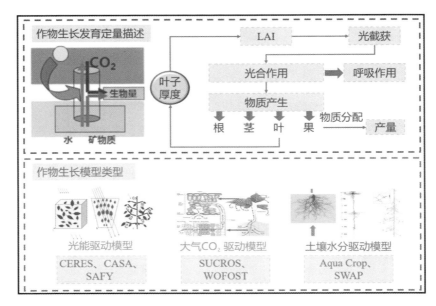

图 5-1　典型作物生长模型

作物生长模型以作物生长发育过程为主要内容,注重作物生理生态等功能的表达,不仅考虑了气温、降水、太阳辐射、CO_2 浓度等气象因子对产量形成的影响,还考虑了光截获和利用、物候发育、干物质分配等诸多过程及过程间的复杂相互作用。但由于作物实际生长过程的复杂性,各作物生长模型的结构不同,对光合作用、水肥、营养和土壤水分平衡等过程的模拟各有侧重。由于对作物复杂机制过程认识的不确定性,作物生长模型模拟结果的准确性有待进一步提高。就未来作物生长模型发展趋势看,人工智能、图像识别、农业气象大数据挖掘等新技术将成为核心驱动力。

第二节　农业生产的智慧大脑

农业生产的智慧大脑是以传感器、物联网、云计算、大数据、人工智能等为技术支撑，以农业生产智能决策模型为依据，对农业生产全流程生产要素的感知认知，基于大数据处理和云计算，做出最合理、最科学、最高效的决策，像人的大脑指挥身体一样，为农业生产各环节提供精准指挥服务。

智能决策是数据产生价值的过程，覆盖农业生产从产前规划、产中种植管理及环境控制到产后存储、加工、运输和销售等各个环节。产前规划包括需求分析和种植方案推荐，产中种植管理及环境控制包括环境调控（对于设施农业）、施肥、打药、灌溉等方面的智能决策支持，产后农产品的库存控制、运输车辆调配、流通加工与配送中心的选址等，均需要智能计算方法提供决策支持。

基于机器学习技术、知识图谱技术构建的农业智慧大脑，其核心是智能决策模型，决策模型根据目标任务的不同，又可分划分为作物生长模型、水肥调控模型、农业生物灾害模型等，这些模型的数据来源于第四章，智慧大脑基于这些模型提供智能决策服务，生成各种作业处方图，这些处方图又作为第六章智能农机装备输入，实现农业生产智能化、精细化管理。

农业生产的智慧大脑解答的问题是农业生产各环节应该怎样做、如何做的问题，而何时应该去做则是作业适期管理回答的问题。作业适期管理是指系统依据当前的农事任务，结合当前气象条件，包括温湿度、光照强度、有效积温、活动积温、风力、风向等信息，为农业生产人员提供农业生产建议与指导。农业生产管理人员基于作业适期管理系统可以制订作业计划、发布农时任务，计划和任务以短信的形式发送给农户，农户可根据作业计划开展相应的农事任务。作业适期管理最典型的特点就是与气象信息结合非常紧密，农事任务的开展除了依据农业智慧大脑的决策外，还要依据当前的气象信息进行，这也是农业生产决策成败的关键。

以玉米田间除草为例，由于玉米杂草种类繁多、生长速度快，且与玉米争夺水肥资源情况严重，因此必须进行玉米除草，依据农业智慧大脑决策，在玉米 3～5 叶期、杂草 2～4 叶期，此时玉米苗分解除草剂能力最强，而杂草抗药性最弱，适于喷洒除草剂进行除草，但实施决策前一定要与当前的气象条件相结合，进行作业适期管理，若天气预报在喷洒除草剂 6 小时内会出现较大降雨或者降雨时间较长的情况，则不能喷洒除草剂，因为下雨极有可能会导致除草剂失效。

第三节　农业生产智能决策服务平台

农业生产智能决策服务平台集成机器学习、知识图谱、数据挖掘等技术和智能决策模型，以解决农业生产中的决策问题为目标，为农业生产管理人员和农户提供农业生产最优决策服务。

一、专家分析服务

主要包括作物地物分类、长势分析、营养分析、病虫害分析、旱涝灾害分析、土壤成分及肥力分析等，最后形成作业处方图，下发给农业生产管理人员或者作业农机，农业生产管理人员基于智能决策作业处方图，制订农业生产计划，作业农机再根据作业处方开展农机作业。

（一）地物分类

地物分类是很多农事活动开展的前提，也是农业保险公司理赔、定损的基础，同时还是农业生产主管部门制订和调整农业生产计划的依据。因此，地物信息的精准分类尤为重要。

在地物分类研究方面，早在 20 世纪 60 年代，遥感技术就被应用于相关的研究领域，农田作物遥感分类的主要依据是通过不同作物的光谱特征和生长周期来综合判断与分析作物的种植类型，相关专家、学者开展了大量关于作物分类与估产的科学研究，目前，地物分类算法仍是研究的热点。

　　农业生产管理部门出台的政策会基于市场和国家战略的需要进行调整，而精准掌握这些信息是出台政策的决定性依据，因此，如何准确掌握地区性乃至全国的种植结构和种植面积尤为重要。以黑龙江省哈尔滨市阿城区为研究区，域内主要作物为玉米和水稻，也少量种植大蒜和白菜，大蒜是阿城区特色作物，与玉米交叉混种现象极为普遍，除以上作物外，研究区还有建筑用地、水体、草地、林地、灌丛等对象。

　　由于不同农作物在同一光谱波段上的反射率存在较大差异，所以利用不同物不同谱、同物同谱的原理不仅可以区分不同农作物，而且识别率也较高。但是，光谱的"同物异谱"和"同谱异物"现象可能给地物分类带来较大的影响，甚至造成错分。农作物遥感是农业生产决策的基础与前提，没有高精度的农作物信息提取就无法进行农业资源调查、作物评估和灾害监测。

　　随着遥感技术的发展，特别是高空间、高时间、高光谱分辨率的遥感卫星影像进入实用化阶段，为农业生产区域地物信息提取提供了条件，配合无人机与高精度传感器，进行多尺度遥感监测数据融合，既能够实现地物信息的大面积提取，又能够保证地物分类的精度，为农业生产决策提供精准指导与服务。

（二）旱涝灾害分析

　　旱涝是最具威胁的自然灾害之一，具有影响范围广、破坏面积大、持续时间长等特点，尤其是洪涝、干旱、旱涝灾害的交替发生对农业生产带来了很大影响，极易造成巨大损失。因此，旱涝灾害的精准监测对于防灾减灾、减少农业损失、保障粮食安全具有重要意义。

　　旱灾发生时，作物的生理特征会发生很大变化，在形态结构上表现明显，较为典型的变化是作物叶片发生卷曲、萎缩，叶片变黄甚至枯萎，此时作物植株生长缓慢，叶绿素结构被破坏，光合作用迅速下降，作物叶面积指数明显减小，光谱反射率明显下降。

　　洪涝灾害在夏季发生较为普遍，涝灾一旦发生，对作物生长会造成巨大影响。夏季环境温度较高，涝灾发生时，若作物出现大面积水淹，不仅会影响作物的光合作用，同时土壤的缝隙会被水填满，作物根系无法正常呼吸，作物根部易出现腐烂情况，导致作物死亡。如果在作物开花结果期发生涝灾，则会导致花粉和花药受损，授粉率下降，影响作物产量。洪灾发生后，土壤容易出现板结，导致土壤透气性减弱，影响作物生长，同时，由于田间湿度大，植株抗逆性减弱，作物组织受损严重，极易引发大规模病虫害的发生，造成作物减产或者绝收。图 5-2 为 2019 年建三江胜利农场洪灾无人机遥感监测图，由于降水量较大，上游宝清水库泄洪导致洪灾比较严重，为了减小洪灾带来的影响，农场筑起了长度约为 46 公里的堤坝。

图 5-2　2019 年建三江胜利农场洪灾无人机遥感监测图

　　遥感技术对于重大自然灾害的监测与评估具有特殊的优势和潜力，尤其是对于旱涝灾害的监测评估。利用遥感监测评估洪涝灾害在我国已有较长历史，走在了其他遥感技术应用的前列，为防洪减灾决策提供了有力的技术支持。不同作物、不同时期旱涝监测所采取的方法存在较大差异。从监测尺度来看，对于大面积监测，采用卫星遥感作为监测手段，而对于区域尺度，往往采用无人机作为数据采集工具。除遥感监测平台获取的遥感数据外，根据研究目标不同，还需采集气象、作物表型、作物蒸腾量、叶面积、叶片及土壤含水率等数据，构建旱涝灾害分析模型，实现旱涝灾害分析，为农业生产管理部门应急指挥提供决策服务。

（三）施肥处方图

肥料是作物的"粮食"，土壤是农业生产的基础。然而，由于农业生产对农药、化肥的严重依赖，过量的投入不仅使得其利用率明显下降，同时也造成了土壤结构破坏、土壤板结，还造成了生产成本的增加，农户生产效益受到重大影响。我国虽然耕地面积总数较大，但人均占有耕地的面积相对较小，只有世界人均耕地面积的1/4，因此，改善施肥技术是一项非常急迫的任务。变量施肥，就是要通过定点管理和变量投入以实现施肥最佳管理，实现3种效益的协调统一。在土壤肥力管理方面，将土壤类相关信息录入软件系统，形成土壤养分数据库，依据土壤养分状况、作物需肥规律和目标产量，调节氮、磷、钾施肥操作，以合理的肥料投入获取较高的产量，将大大提高农业的经济效益，同时能够保护生态环境，实现农业生产的可持续发展。

处方图是保存施肥信息的主要载体，变量施肥就是基于处方图实现"按图作业"。处方图中包含不同地块面积大小及对应农作物在该地块氮磷钾最佳施用量。实际作业时，作业机具会根据作业处方图精确定位田块位置，并按照处方图计算的目标施肥量进行精准施肥。在农机实际作业过程中，可以事先将作业处方图导入系统中，也可以采取基于GPRS技术远程对处方图进行访问，通过GPRS无线网络传输技术，实现田间作业处方数据远程下载及机群控制。

（四）作物倒伏监测

倒伏是影响作物高产稳产的重要因素之一，水稻、小麦、玉米等农作物倒伏情况普遍存在，倒伏的原因很多，与作物品种、栽培技术、田间管理、病虫害、自然灾害等因素密切相关。作物发生倒伏会影响作物正常生长，导致粮食品质和产量下降，也会阻碍大规模机械作业，增加劳动生产成本。因此，作物倒伏监测对于农户把握作物生长状态，采取有效应对措施，减少农业生产损失具有重要意义，同时，监测结果也可以作为农业保险理赔的重要依据。

　　传统的人工方式监测作物倒伏，需要监测人员亲临现场，进行实地调查，需要对所有可能的倒伏点进行记录，这种方式费时费力，劳动成本高，尤其对于大面积倒伏监测来说，工作效率无法满足实际需求，且观测结果的主观性较强，可信度不高，在作物倒伏监测发生后，只能作为一种辅助手段，而不是大规模普查的方法。

　　随着遥感技术的发展，特别是卫星、雷达、无人机等遥感技术的日趋成熟，遥感技术在农业领域应用越来越广泛。从监测机制来看，作物倒伏后反射光谱会有明显变化，利用这一特性可以区分健康作物和倒伏作物。但因为农田环境复杂，水肥、营养、病虫害胁迫也会改变作物光谱，出现"同谱异物"和"同物异谱"现象，因此光学遥感具有一定的局限性。卫星遥感可以实现大面积作物倒伏监测，适宜于大比例尺调查；雷达遥感弥补了光学遥感的缺陷，是遥感监测的有益补充；无人机遥感具有监测灵活、分辨率高等优势，在作物倒伏监测应用非常广泛。图5-3为基于无人机遥感平台双河农场水稻倒伏监测。

图 5-3　基于无人机遥感平台双河农场水稻倒伏监测

（五）灾害预报预警

农业生产灾害包括气象灾害、旱涝灾害、病虫灾害等，通过获取气象、土壤、作物等监测数据信息，基于人工智能技术，构建机器学习、深度学习等算法模型，实现各种灾害的预报预警，以便生产管理人员采取有效措施，最大限度地降低灾害引起的农业生产损失。

①气象预报。智能网格预报技术是一种包含大数据、人工智能等多个高新技术的天气预报技术，是利用大数据分析技术对海量气象数据进行全面的挖掘和分析，通过机器学习系统使得天气预报更加智能和精准。

②旱涝灾害指导。随着世界经济和社会的快速发展，人类生产活动使得气候及环境变化日益加剧，全球气候异常越来越明显，极端气候事件引起的气象水文灾害也越来越频繁。旱涝灾害是最常见的自然灾害之一，由于其具有发生频率高、形成速度快且影响范围较大等特点，给农业生产带来了巨大挑战。旱涝灾害的预报预警，可以为农业生产管理人员生产决策提供指导，最大限度减少农业生产损失。随着我国国家基础空间设施的开展，越来越多的卫星发射升空，卫星遥感观测能力显著提升，融合高精度监测无人机及近地传感器，共同构建空天地一体化监测体系，为旱涝灾害预报预警提供数据支撑。

③病虫害分析决策。作物病虫害一直以来都是威胁粮食安全的主要灾害，其种类繁多，具有大规模暴发性成灾的特点，使作物病虫害防治工作的有效开展面临着重大挑战。近年来，全球气候变化的不断加剧和经济全球化进程的加速发展导致作物病虫害从分布范围、寄主类型到成灾面积及危害严重度均呈现出不断扩张的趋势，更有许多病虫害在得到控制后出现二次大规模传播或暴发。如何准确实现及时有效的病虫害识别监测并指导精准施药逐步成为研究热点。高光谱遥感技术作为目前唯一能够快速获取连续地表光谱信息的手段，在中小尺度的作物病虫害监测识别上已表现出较大的潜力，可以为农场等尺度的作物病虫害"有效防控"和"精准施治"提供依据。在研究方法上，

以植保及农学理论为基础，数据处理方法由传统的统计及分类向机器学习、模式识别、人工智能等方向扩展。

（六）土壤成分及肥力分析

土壤肥力作为土壤的基本属性和本质特征，是土壤为植物生长供应和协调养分、水分、空气、热量的主要因素，是土壤物理、化学和生物学性质的综合反映。土壤成分及肥力分析是农业产前阶段最重要的工作之一，也是实现定量施肥、宜栽作物选择、经济效益分析等工作的重要前提。借助非侵入性的探地雷达成像技术对土壤进行探测，然后利用人工智能技术对土壤情况进行分析，可在土壤特征与宜栽作物品种间建立关联模型。例如，IntelinAir 公司开发了一款无人机，通过类似核磁共振成像技术拍下土壤照片，通过智能分析，确定土壤肥力，精准判断适宜栽种的农作物。

二、农事生产服务

（一）种植规划

地块土壤肥力情况如何，地块适于种植什么品种，何时种植？对于这些问题，早些年农民在农业生产过程中，要么完全靠自己的经验，要么就"观察"周围人，他们种什么自己就种什么，存在着极强的盲从性和无目的性，农民基本就是"靠天吃饭"。

然而，人工智能的出现彻底改变了这一状况，农民的生产开始变得有"依据"，人工智能技术应用贯穿于农业生产的产前、产中和产后，可以为农业生产提供精准的指导服务。产前的种植规划是非常重要的阶段，地块的养分信息、种子的品种特性、气象信息等均需做到全面了解和掌握，人工智能技术能够很好地为农民提供参考与指导。土壤养分分析方面，基于人工智能技术可以检测土壤环境状况，分析土壤成分和营养元素的含量，土壤分析是农业产前阶段最重要的工作之一，是实现定量施肥、宜栽作物选择、经济效益分析等工作的前提和基础，在土壤分析等农业生产智能分析系统中，人工神经网络（ANN）是应用最多的技术；作物品种选择方面，采用人工智能方法进行种子品种鉴别，对谷物种类做出评估具有十分重要的影响，帮助农民筛选出优质的种源，同时能帮助农民在后续的生产中选择合适的谷物种类，如Piotr Zapotoczny使用图像分析及神经网络的方法对麦粒的品种加以鉴别，这对后续的农业生产能起到很好的保障作用。更重要的是，基于农产品交易平台数据库，种植户可以知晓往年各类农产品的销量，通过大数据算法的计算做出对市场行情的预测，从而给出该年这块地适合种植的农产品。

（二）农资供应

农资一般是指在农业生产过程中用以改变和影响劳动对象的物质资料和物质条件，如农药、种子、化肥等。农资应用于农业生产，必须采用先进的农业技术，合理地配置农资，才能使其发挥更大的作用。

农资选择是农资供应最重要的一步，地块最适宜种什么作物，哪些品种比较适合，应该施用什么肥料与农药？这些问题对于农户来讲都是较为棘手的，多数人的做法是要么凭经验，要么从众，农资选择具有较强的盲目性。人工智能技术可以为农户农资选择提供推荐方案，方案基于大数据分析与挖掘生成，针对性强，能够为农户提供借鉴与参考。

农资流通环节成本高，历来是影响农资生产企业活力、农资经营者利润和终端消费者成本等的一大难题。对农资商品流通环节的统筹管理，可健全农资现代通体系，降本增效。基于人工智能技术，实现对终端消费数据的分析，可预测特定产品的需求，同时为生产厂家和经营者提供指导建议，有效避免供需矛盾等问题。

AI赋能农资供应，实现智慧物资选配。种植户通过扫描包装袋上的编码，即可畅享精准产品信息、科学施肥方法、当地实时农产品行情、专家24小时在线解答等一系列的AI智能服务。AI智能农资供应服务构建，将标志着智慧农业由技术创新向应用创新转变，这将引领和推动整个行业大数据生态圈的发展。

（三）农机调配

农机调配是指农机管理部门根据农田、农机的基本信息，组织最优的调配路线，使农机有序地在管理者要求下完成工作，最短时间内完成调配任务，实现调配成本最低、收入最高的目标。科学合理的安排农机调度，制定农业机械调配方案是农机作业调配的重要环节，直接决定着农机调配的效率。

我国因地区因素影响，农业机械化水平差异较大，东部地区的农业机械化水平较高，而西部地区农业机械化水平相对较低。因此，各个区域的农业机械管理部门应根据实际情况，制定科学完善的农业机械现代化信息管理系统，对各项管理工作进行动态追踪，进而促进农业机械管理工作的可持续性发展。现代化信息技术能够提高管理工作的系统性，所以可以结合信息技术创新管理手段，积极建立农业机械数据库，对管辖区域内的农业机械信息能够实时进行精准查询，这样不仅可以极大地提高管理工作效率，同时还能够弥补传统管理工作中的不足，进而促进管理工作实现创新发展。

农机调配服务平台是农机调配的核心，为农机需求者（种植户、农业经纪人）和农机拥有者（合作社、农机手）之间搭建了信息对接平台，能够有效解决农机供需难题，促进作业农机有序流动。农机调配的制约因素很多，包括作业时间、地点、路况、农机数量、作业价格、天气、农机手等，如何协调各因素，匹配最佳农机调度方案，是农机调配服务平台亟须解决的难题。

参考文献

[1] 康孟珍，王秀娟，华净，等．平行农业：迈向智慧农业的智能技术 [J]. 智能科学与技术学报，2019，1（2）：107–117.

[2] 张英姿．基于处方图的变量施液态肥控制系统关键技术研究 [D]. 哈尔滨：东

北农业大学，2015．

[3]　张凝，杨贵君，赵春江，等．作物病虫害高光谱遥感进展与展望 [J]．遥感学报，2021，25（1）：403-422．

[4]　黄文江，师越，董莹莹，等．作物病虫害遥感监测研究进展与展望[J]．智慧农业，2019，1（4）：1-11．

[5]　ELSE K B，BONGIORNO G，BAI Z，et al. Soil quality - a critical review[J]. Soil biology and biochemistry，2018（120）：105．

[6]　PIOTR M S，PIOTR ZAPOTOCZNY. Computer vision algorithm for barley kernel identification, orientation estimation and surface structure assessment[J]. Computers and electronics in agriculture，2012，87（9）：32-38．

[7]　刘丽，王硕．黑龙江垦区农业机械跨区作业优化调配研究 [J]．黑龙江八一农垦大学学报，2022，34（4）：134-140．

[8]　张璠，李曼，常淑惠，等．农机作业路径规划策略研究：基于智慧农机大数据平台 [J]．农机化研究，2022（12）：17-22．

第六章 ◉ ● ∙ ∙

智能农机装备

当前我国城镇化水平快速发展，土地流转加速，规模化农场已成为发展方向，为提高农机作业效率及作业质量，需要更多专业的农机操作人员。但我国人口老龄化程度日益加剧，同时青壮年劳动力大规模向高附加值产业转移，农业劳动力短缺。因此，为实现在劳动人口减少条件下的农业高质量生产，必须将农机装备融合人工智能、物联网、大数据、云计算等技术，实现农业生产过程的自动化、智能化、机器人化，建立以智能农机为支撑的现代农业生产模式，才能从根本上解决上述问题。本章以人物故事为主线，向读者介绍智能农机装备的种类、特点及用途。

小张在农业大学毕业后，回到了家乡黑龙江，打算通过土地流转做大田作物规模化种植，运用自己所学，实现创业梦想。经过了解发现要实现规模化种植，需要使用大量农业机械，但目前农村青壮年劳动力为了获得更高的收入，大多去城里务工了，很难找到熟练的农机手，影响农机使用效率与作业质量。小张通过请教智能农业专家苏教授，了解到可以通过使用智能农业机械来减少对农机手的依赖。苏教授告诉他，通过给传统农机加装卫星定位导航系统和电动方向盘，可以让农机沿着规划好的路线自主作业，不再需要驾驶员，并且农机直线作业精度可以达 ±2.5 cm，比驾驶员驾驶水平可高多了，同时农机可以连续作业，作业效率也会大幅提高；在播种时，通过给农机加装相关传感器，播种机可以在发生漏播时自动报警停车，并且能够实时监测播深和播量，有效提高播种质量；在田间管理阶段，智能除草机械可以通过安装摄像头等传感器，分辨出哪里该除草，做到精准喷药，减少了污染，实现绿色植保；在收获阶段，智能收获机械能够通过实时监测作物的含杂率、破损率，智能调整收获机械作业参数，提高收获作业质量。并且随着新技术的不断涌现，新能源拖拉机、农业机器人、无人机等新型农业装备不断投入农业生产中，未来会实现无人化智慧农场，那时候，农民就可以坐在办公室内，吹着空调，通过手机和电脑管理整个农田了。听了苏教授的介绍，小张对实现自己的创业梦想信心更足了。

　　本章主要以应用于大田种植的农业装备为例，说明智能化技术如何有效地提高了传统农业装备的技术水平，并简要介绍了新能源无人驾驶拖拉机和农业机器人等新型农业装备，说明未来大田农业生产的发展方向。

第一节　农机装备共性关键技术

　　智能农机装备广泛应用于农业生产的不同区域、品种和环节，种类繁多，且研发过程需采用多种不同技术，是一项复杂的系统工程，本节对不同类型智能农机研制均需要的智能化设计、导航定位及路径规划等共性关键技术进行简要介绍。

一、农业装备智能化设计技术

　　设计是产品研发的重要环节，是企业智力资源及研发条件转化为生产力的主要形式。现代社会的产品要满足用户的定制化、多样化需求，企业及其产品的核心竞争力很大程度上取决于能否以最快的速度向市场提供适合的产品，即是否有足够的高素质技术人员及先进的设计方法支撑高效与优质的产品研发过程。智能化设计代表了当今时代的先进设计及发展趋势，是相关科学技术发展到一定阶段后，促成从数据资源密集型向知识信息密集型转化的设计。智能化设计是人工智能在设计上的应用，以知识重用与推理、学科交叉与融合、平台开放与共享为典型特征，是设计资源有机组织与综合利用的最高级形式。通过农业装备智能化设计的方法与技术，构建先进的研发平台，同步提高效率与水平无疑是实现这些目标的必要途径。

（一）农机智能化设计

农机智能化设计可以简单地理解为将先进的数字化技术应用于农机设计中，在数字化设计技术及其体系的基础上，模拟人的思维，以知识重用与推理为特征，有机组织与利用设计资源的集成化应用。数字化设计是以计算机技术为支撑，以数字化信息为手段，支持产品建模、分析、性能预测、优化及生成设计文档的相关技术。它以 3D-CAD 为基础，结合产品设计过程的各项要求，以数字信息的形式贯穿于产品研发相关的全过程并可引入知识工程模板，加入经验公式、方案判断、防错机制等辅助功能形成的一整套解决方案。数字化设计总体上包含结构设计与虚拟验证两大环节，其中结构设计环节有对应不同设计对象的高效功能化模块，如实体造型、钣金设计、曲面设计、工程制图及相应设计方法学，如图 6-1 所示。

农机在机械装备中具有最多的种类，高达几千种形式，涉及农艺、环境等复杂因素，加之地域差异显著，导致农机设计和研发所需要的专业知识与实践经验极其庞杂，个体设计人员难以全面掌握，因此对以知识信息应用为特征的智能化设计需求更为迫切。

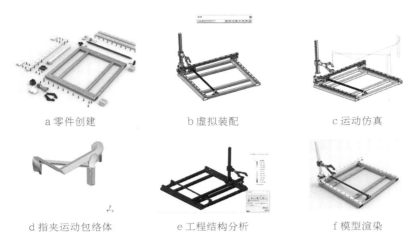

a 零件创建　　　　　　　b 虚拟装配　　　　　　　c 运动仿真

d 指夹运动包络体　　　　e 工程结构分析　　　　　f 模型渲染

图 6-1　数字化设计示例——直角坐标机器人的机械本体

（二）可支持智能化设计的农机产品数据管理系统

当前农机行业通过不同程度的数字化设计平台积累了一定的设计资源与专业知识，但由于缺乏成熟的理论与方法指导，以及系统化和模式化的利用体系，资源和知识继承与重用度不高，大多以复制下载及查询浏览的方式提供低级服务，无法实现设计过程与知识的有效融合，难以满足现代装备产品的设计需求。因此，建立一套以知识重用与推理为主要特征的农机装备智能化设计理论和方法，是农机智能化技术全面发展与实际应用的前提。通过系统的理论方法与科学的体系架构指导智能化设计系统开发，实现满足用户定制化、多样化需求，以知识工程、数据管理、人工智能、虚拟仿真等现代信息技术为手段，整合机械装备全生命周期管理过程中上下游相关节点资源，集成 PDM/PLM 协同设计平台，实现协同、高效、精准的设计过程。

产品数据管理（Product Data Management，PDM）是用来管理所有与产品相关的信息（包括零件信息、配置、文档、结构等）和与产品相关过程（包括过程定义和管理）的技术。

产品生命周期管理（Product Lifecycle Management，PLM）则

涵盖产品创新与全生命周期的战略管理，通过一系列的应用系统，支持企业内或企业间从产品概念设计到产品使用生命结束过程中产品信息的协同创建、管理分发和设计使用。图 6-2 为联合收割机智能化设计 PDM 系统界面。

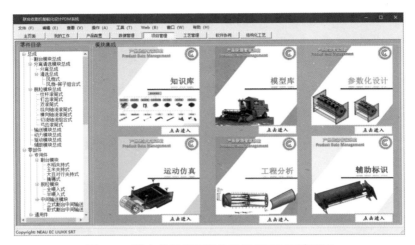

图 6-2 联合收割机智能化设计 PDM 系统界面

二、农机无人驾驶技术

（一）导航定位技术

农业机械自动导航技术是实施精准农业的基础，能够有效减轻农机操作人员的劳动强度，提高作业质量与作业效率。目前，农机自动导航已广泛应用于耕作、播种、施肥、喷药、收获等农业生产过程。

1. 全球导航卫星系统

全球导航卫星系统是使用最广泛的定位、导航方式，目前，全球导航卫星系统主要包括美国的 GPS 系统、俄罗斯的 GLONASS 系统、欧盟的 Galileo 系统和中国的北斗导航卫星系统。其中，我国自主建设的北斗导航系统于 2012 年正式向亚太大部分地区提供区域服务，2020

年提供全球范围的定位、导航、授时等服务。

通过卫星信号的发射时间与到达接收机的时间之差乘以光速可以获得卫星至用户间的测量距离，称为伪距。为了计算用户的三维位置并考虑接收机时钟会产生偏差，伪距测量要求至少接收来自 4 颗卫星的信号，每颗卫星的精确位置和卫星上原子钟生成的导航信息都是精确已知的，利用卫星至接收机的到达时间差，即可得到每颗卫星到接收机的距离，采用三维坐标中的距离公式，利用 3 颗卫星，就可以组成 3 个方程式，解出观测点的位置 (X, Y, Z)，即可获得观测点的三维位置信息，这就是北斗卫星定位导航基本原理，图 6-3 为北斗导航应用示意图。通过在农机上安装卫星导航定位终端，就能够实现农机的自主定位、导航。

图 6-3　北斗导航应用示意

2. 惯性导航系统

全球导航卫星系统已经广泛使用，为什么还要使用惯性导航系统呢？因为惯性导航系统仍有其不可替代的作用，首先在全球导航卫星系统信号不可用时，惯性导航系统仍然能够不依靠任何外界装置就能定位，具有高可靠性，同时可以给农机装备提供姿态信息，这些也是农机运行必要的参数。惯性导航系统主要包括陀螺仪和加速度计。陀螺仪基于惯性原理，输出参考轴向的角速度，可通过积分计算出角度。目前，陀螺仪主要包括机械陀螺仪、光纤陀螺仪和微机电陀螺仪。由于陀螺仪测量角度的本质在于对角速度进行积分，所以具有漂移误差，且陀螺仪受温度影响较大，所以需要对温度变化进行补偿。加速度计同样基于惯性原理，可输出参考轴向的加速度，通过积分计算出速度，通过二次积分计算出位移。加速度计具有较好的偏差稳定性，以及对冲击、振动和温度适应性，且成本较低，因而广泛应用于惯性测量系统。惯性导航系统是以陀螺仪和加速度计为惯性敏感元件的相对参数解算系统，不依赖于外部信息，也不向外部辐射能量，通过航迹推测获取位置与姿态。它不仅可以全天候工作在空中、地面还可以工作在水下环境。

　　捷联惯性导航是典型的惯性导航设备，其将陀螺仪、加速度计、磁偏计按笛卡尔空间直角坐标系三轴方向组合，构成复合式传感器，直接安装在载体上，由控制器实时计算出载体坐标系与导航坐标系之间的关系，把载体坐标系的信息转换为导航坐标系下的信息，进行导航计算，其具有可靠性高、功能强、重量轻、成本低、精度高及使用灵活等优点，广泛应用于惯性导航系统中，如图6-4所示。

图6-4　惯性导航系统

3. 机器视觉导航系统

机器视觉导航是采用摄像头拍摄路面图像，运用机器视觉等相关技术识别路径，实现自主运行的导航方法。采用机器视觉导航时，通常将视觉传感器安装在农机驾驶室上方，采集农机前方图像信息，基于计算机视觉技术，通过数据预处理进行作物行检测，提取导航基准线，引导农机在苗带中前进，如图6-5所示。

机器视觉导航具有成本低、信息丰富等特点，适用于不规则地块或卫星导航信号被遮挡的作业环境。

图6-5　机器视觉导航系统

（二）农机作业路径规划

合理的农机作业路径规划有利于提高农机作业效率和质量，主要包括全覆盖路径规划、全局路径规划、避障路径规划、局部路径规划等方式。

农机全覆盖路径规划是在避开障碍物的同时，尽可能不重复地通过所需作业空间的所有点，实现对该区域的全覆盖作业，如图6-6所示。

图6-6 农机全覆盖路径规划策略

全局路径规划是在作业区域环境信息已知的前提下，规划从起点到目标点可行的无碰撞路径，主要应用于精准作业、农业运输和农机跨地块调度等方面。相应的算法有 A* 算法、蚁群优化算法、遗传算法、模拟退火算法和粒子群优化算法等。农机全局路径规划策略如图6-7所示。

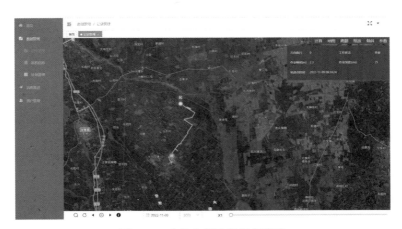

图6-7 农机全局路径规划策略

避障路径规划是农业机械通过传感器获取作业环境中障碍物的方位和大小信息，经计算分析后实时动态地规划一条安全无碰撞路径，如图 6-8 所示。较为成熟的避障路径规划方法有人工势场法、模糊逻辑法、动态窗口法等。

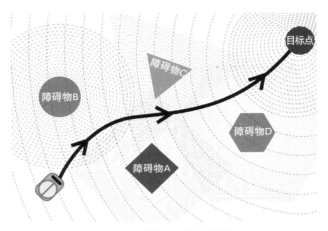

图 6-8　避障路径规划策略

农机企业相继推出了一个含路径规划、显示和监控功能的农机自动导航系统，进行信息数据流的监控，广泛应用于拖拉机、播种机、植保机械和收获机等农业机械自动导航作业。

第二节　田间智能农机装备

农机装备应用于农业生产"耕、种、管、收"各个环节，是支撑农业发展的重要物质基础，目前正朝着精准、高效及智能化方向快速发展。

田间智能农机装备应用于大田种植"耕、种、管、收"全过程，将传统农业机械与现代信息技术深度融合，是具有智能感知、精准控制、智慧决策及智能管控能力的现代农业装备，结合大数据、云平台、物联网等技术，能够高效、安全、可靠地完成农业生产任务，具有巨大的市场价值，世界各国的农业机械企业及科研机构都高度重视农机装备的智能化发展，投入资源进行智能农机装备的研发、制造及应用。

接下来对应用于大田种植"耕、种、管、收"各环节的典型田间智能农机装备进行介绍。

一、智能耕整地机械

通过给传统耕整地装备加装全球卫星导航系统,农机能够按规划路径自主行走,实现耕整地机械无人化作业。而耕深是深松作业质量评价的重要指标,通过在作业装置上安装倾角传感器、姿态传感器、超声波传感器,可实时监测耕深数据,并采用多传感器融合技术,可避免受局部地表起伏变化影响,提高耕深监测的准确性和稳定性,同时感知作业速度和位置等信息,通过无线通信技术将数据上传至农机综合管理平台,为深松作业质量评价提供量化依据,提高农机作业管理信息化水平[①]。

二、智能播种机械

通过给传统播种机械加装全球卫星导航系统,播种机能够按规划路径自主行走,实现无人化作业,并加装播量监控和播深监控装置,实现落种质量在线监测与评价,利用差分 GPS 定位技术实时获取漏播种粒精准位置信息,结合 GIS 技术形成播种质量地图,并通过无线通信技术传送给农机作业指挥中心,实现播种质量远程监控,提升播种质量[②]。

三、智能田间管理机械

田间管理机械主要包括植保机械和中耕机械,植保机械主要是喷

---

① 智能耕整地装备,参考图片:http://www.smartag.net.cn/CN/rich_html/10.12133/
j.smartag.SA202212005)。
② 智能播种机,参考图片:http://www.smartag.net.cn/CN/rich_html/10.12133/
j.smartag.SA202212005。

施农药，防治病虫草害；中耕机械是指在农作物生长发育过程中帮助农民进行除草、培土、松土等作业的机械化设备。

通过给田间管理机械加装全球卫星导航系统，无人植保机能够按规划路径自主行走，实现无人化作业，安装相应传感器，可实时监测作业速度、喷雾压力、流量、喷杆姿态、喷头堵塞等植保作业状态参数，通过无线通信技术将作业状态信息传递给农机指挥中心，由指挥决策系统分析作业状态并执行变量控制决策，实现精准施药[①]。

四、智能收获机械

作物收获机械是用来收取成熟作物的整个植株或果实、种子、茎、叶、根等部分的农业机械。由于各种作物的收取部位、形状、物理结构和收获的技术要求不同，因此收获机械的结构和功能多种多样。

通过给作物收获机械加装全球卫星导航系统，无人收获机能够按规划路径自主行走，实现无人化作业，同时为了降低收获机故障、减少收获损失，收获机的精准控制系统可以依据作业状态，调节谷物联合收获机作业速度、滚筒转速、喂入量、风机转速及导板角度等参数，改善损失率、含杂率等作业指标，提高收获效率和收获质量[②]。

五、新能源无人驾驶拖拉机

传统农机存在使用成本高、环境污染重、功率效能低及用户体验差等缺点，为提升耕种作业效率和实现绿色农业，相关企业与科研机构将新能源技术应用于农机，研制了纯电动无人驾驶拖拉机和氢燃料电动无人驾驶拖拉机。

国家农机装备中心研发的无人驾驶电动拖拉机整车由锂电池供电，

---

① 智能喷药机械参考图片：http://www.smartag.net.cn/CN/rich_html/10.12133/j.smartag.SA202212005。
② 智能收获机械参考图片：http://www.smartag.net.cn/CN/rich_html/10.12133/j.smartag.SA202212005。

采用无级变速、电控底盘，并配备电控提升悬挂系统，提高了拖拉机控制精度，加装全球卫星导航系统，实现了无人驾驶，同时支持无人作业、多机协同作业等多种作业模式，利用 4G/5G 通信技术接入网络，通过与云端交互实现智能化作业的管理和监控，并可以搭载多种农具，满足平原、丘陵等多种类型的作业场景和作业需求。一台无人驾驶拖拉机充满电后可以连续工作 4 ~ 5 小时，大大提升了工作效率，实现节能减排。

为提高续航能力和能源利用效率，科研人员研制了氢燃料电动无人驾驶拖拉机，该车型配备氢燃料电池系统，采用以氢燃料电池供电为主、锂电池供电为辅的能量供给模式，具有环保无污染、加氢速度快、续航时间长等优点。

无人驾驶电动拖拉机可应用于平原及丘陵地区。通过加装全球卫星导航系统，可实现无人驾驶，并同时具有无人驾驶、遥控操作、多机协同等多种运行模式，整车采用智能控制系统，作业精度高，并优化供电方案，轻载时燃料电池独立供电，重载时燃料电池与锂电池混合供电，实现了增程续航，提升了作业效率，如图 6-9 所示。

图 6-9　无人驾驶电动拖拉机

第三节　农业无人机

农业无人机主要应用于农情监测、植保等农事生产环节，突破了传统地面机器的地形限制，具有更高的作业效率和应用范围。目前，农业无人机可搭载雾化喷撒和双目视觉感知系统，具有自主飞行、智能避障及精准作业等功能，集飞行、航测于一体，能够实现农情监测、精准植保与播撒作业，已广泛用于农业生产领域。农情监测无人机已经在第四章中介绍了，本节只介绍植保无人机。

植保无人机是指主要应用于农林植物保护的无人机，通过搭载喷洒作业平台，向作物喷洒药剂、种子、叶面肥等。它可以代替人工实现喷洒作业，相较于传统的依靠人力的背负式喷雾器、自走式植保机械，植保无人机在空中作业，不会对植物造成压伤，同时，无人机旋翼产生的向下气流，会使雾化效果更好，可使作物充分受药，防治效果好，通过远距离遥控作业，避免了作业人员直接与农药接触，提高了喷洒作业的安全性。同时，由于无人机本身具有体积小、易携带、质量轻、可灵活操控等特点，植保无人机对于大部分地形、不同种类农作物均具有良好的效果。植保无人机作业一般采用单旋翼无人机或者多旋翼无人机，如图6-10所示。

a 单旋翼无人机　　　　　　　　　b 多旋翼无人机

图6-10　植保无人机

单旋翼无人机具有旋翼大、飞行稳定、抗风条件好、下旋风力大、穿透力更强等优点，农药可以打到农作物的根茎部位，是国外植保无人机的主流。而多旋翼无人机因为上手简单、造价低廉，在国内市场备受青睐。

植保无人机已广泛应用于农业植保作业，为进一步提高植保无人机作业质量，通过加装多种传感器模块，并结合智能飞控系统，目前植保无人机已具备变量作业、航线规划和仿地飞行能力，有效提升了植保作业效果。

一、变量作业技术

植保无人机在加装导航定位模块后，依据已形成的作业处方图，自动规划航线，实现变量作业，精准施肥、施药，实现绿色植保。

为提高植保无人机作业效率，可以依据作业地块边界信息，在地面站上规划出覆盖全地块的合理航线，精准覆盖作业区域，减少漏喷、误喷，如图 6-11 所示。

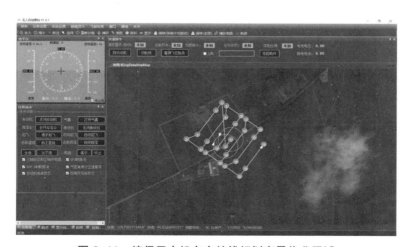

图 6-11 植保无人机自主航线规划变量作业区域

二、自主仿地飞行技术

为提高植保无人机作业质量，无人机需按照地势变化仿地飞行，仿地飞行一般通过无人机携带测距传感器对周围环境进行高度测量，并将高度数据传给无人机飞控系统进行数据分析并给出飞控方案，由飞控系统将电机控制量反馈给无人机，使无人机能够保持恒定高度飞行，如图 6-12 所示。目前高度采集的方法主要有超声波、激光、毫米波雷达、机器视觉及多传感器融合。

图 6-12　自主仿地飞行

仿地飞行可以使无人机适应不同的地形，依据地形变化自动调整飞行高度，保障农药喷洒均匀，提高植保作业质量。

第四节　田间农业机器人

农业机器人是指用于农业生产，具有感知、决策、控制与执行能力的多自由度自主作业装备，主要包括信息感知系统、决策控制系统、作业执行机构、自主移动平台，即"眼""脑""手""脚"。工程实际应用中，农业机器人与人工智能、大数据、云计算、物联网相结合，构成了农业机器人应用系统，它是智能农业装备的高端形态，能在繁重、恶劣、有危害的作业场景下实现精准、高效的生产目标。

田间农业机器人可以在田间从事作物表型、农情巡检、杂草去除、土地平整、作物收获等任务，它以精准导航、机器视觉、智慧决策、自主行走和智能作业控制等关键技术为核心实现田间作业。

由于国内人口老龄化加剧、农业从业人员短缺催生了"机器代人"的旺盛需求，同时由人工智能、机器人等技术的牵引，农业机器人已进入快速发展期。

一、农情信息获取机器人

大田农情信息获取机器人主要完成作物发育表型、作物长势、病虫草害、土壤理化性质等信息采集，可用于品种选育、田间管理、适时收获等作业决策。

玉米田间巡检机器人是一种适用于玉米冠层下的轻小型机器人，该机器人采用机器视觉导航技术，能够在玉米冠层下垄沟内自主运行，以仰视角度获取玉米叶片底部信息，基于人工智能算法，实现早期监测作物病虫害及估计作物产量，如图 6-13 所示。

图 6-13 作物巡检机器人

龙门式和悬臂式植物表型机器人，通过集成多种传感器，可实现作物顶部 3D 成像，高通量、自动化、全方位获取作物的叶面积、叶倾角、冠层等表型信息[①]。

　　该平台可在不影响植物本身生长的情况下，每天对上万株植物重复测量，为监测作物的生长状况提供数据支持。

二、田间耕种机器人

　　土地平整是提高后续农事作业质量的基础，自主平地机器人通过安装高精度北斗卫星定位模块，采用 RTK 定位技术，可实时、高精度测量平地机在作业轨迹点的高程信息，绘制高程图，并与目标高程进行对比，控制系统实时计算不同定位点的高程差，自动调整平地铲高度，进行精准土地平整。自主平地机器人可依据预定的路线自主完成平地作业，平地精度高，满足农业生产要求，如图 6-14 所示。

图 6-14　自主平地机器人

三、田间管理机器人

　　除草是田间管理的重要工作，杂草与作物竞争养分、水和光照等资源，是作物产量减少的主要原因之一，传统的人工除草工作量大，

---

① 田间表型监测机器人参考图片：https://www.phenospex.com/products/plant-phenotyping/fieldscan-high-throughput-field-phenotyping/

费时费力，使用除草机器人能够有效减少人力投入及农业生产成本。

现代农田除草机器人是集环境感知、路线规划、目标识别和运动控制于一体的智能机器人系统，通过加装卫星导航系统，除草机器人能够自主规划路径，实现无人化作业，同时搭载高清摄像头等传感器，结合 GPS 定位信息，采用计算机视觉算法，可较为准确地检测农作物和杂草的位置，自动调整喷头位置，对靶精准喷施化学除草剂，实现变量喷施，如图 6-15 所示。

图 6-15　田间除草机器人

使用田间除草机器人能够显著降低劳动强度，同时精准对靶施药可降低农药用量，并有利于改善农业生态环境，除草机器人在农业领域有着巨大的应用前景。

四、田间收获机器人

田间收获机器人是指通过机器视觉等技术识别、定位、选择作业对象，并依据对象特征实现差异化精准收获控制的机器人，它关注无法大规模自动化采收的作物，同时注重收获作业的高效性和适应性。

由于生菜生长存在成熟度不一致情况，大田球形生菜选择性收获机器人，通过全球卫星导航系统，机器人可依据规划路线自主作业，搭载高清摄像机和深度相机，基于计算机视觉技术，实现生菜的分类和定位，并安装六自由度机械臂和末端执行器，设计了基于力反馈的无损收获控制方法，确保采收精度。实现了采收时间短、采收成功率高的设计目标。

　　农业机器人代表着最先进的农业生产力，是实现智慧农业的核心装备要素，可极大提高劳动生产率、资源利用率和产出率，能够实现农业劳动力彻底解放，是智慧农业的发展方向。

第五节　智能农机调度指挥平台

　　随着农业机械的广泛应用，农机社会化服务和规模化作业已成为发展趋势，同时也存在农机作业调度过程中管理效能低、作业质量监管困难等问题，因此利用人工智能、物联网、大数据、云计算等新一代信息技术构建智能农机调度指挥平台，通过对农机作业数据全面分析，可实现农机资源优化配置与科学调度，如图6-16所示。

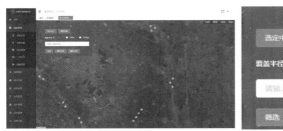

图 6-16　智能农机调度指挥平台

　　通过给农机加装全球卫星导航系统，可以实时获取农机位置信息，由4G通信网络每10秒回传一个轨迹点，平台能够根据回传轨迹信息自动生成农机的行驶轨迹及作业轨迹并显示在系统平台上，融合相关传感器信息，通过大数据技术分析，可实时获得作业面积、作业时长、作业效率等农机作业信息，如图6-17、图6-18所示。

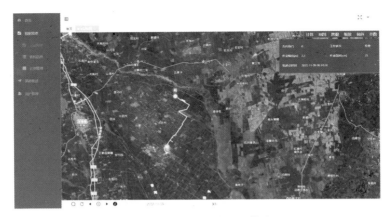

图 6-17　农机实时作业轨迹

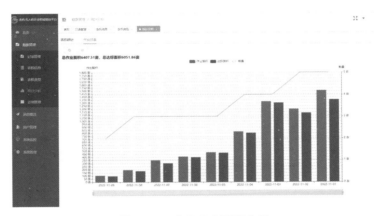

图 6-18　农机作业面积分析

通过加装耕深传感器，结合导航定位信息可实时获取农机的耕深数据，评估深松作业质量；在收获机前后加装高清摄像头，采用人工智能技术，能够监测秸秆还田作业质量；通过智能终端和播种传感器相结合，实现播量、播深等旱田播种质量的监测；在插秧机加装摄像头，采用计算机视觉技术，实现漏插、漂秧等插秧作业质量实时监测。平台通过汇聚以上农机作业质量信息，可以优化农机作业质量管理方法，实现农机补贴的精准发放，如图 6-19 所示。

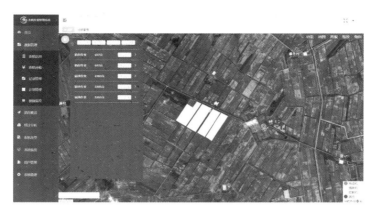

图 6-19　农机作业参数监测

随着中国农业生产的规模化发展及多机导航作业需求的提高，农机调度指挥平台需给出多机协同作业的调度指挥方案。

多机协同作业远程管理调度需要综合考虑地块位置、任务数量、作业能力、路径代价和时间期限等因素，在满足实际作业约束条件的前提下，以最小化调度成本和损失为目标，生成最优的调度方案，使农机有序地为农田作业地块服务，实现区域内多机协同作业调度管理[①]。

智能农机调度指挥平台，采集、汇聚海量农机数据，并进行深入挖掘和有效分析，实现对管辖区农机信息、田间作业及合作社运营情况的整体掌握及农机的调度指挥，为优化农机科学管理和实现智慧调度提供数据支撑。

参考文献

[1]　刘宏新，郭丽峰．农机数字化与智能化设计[M]．北京：科学出版社，2022.04.

[2]　尹彦鑫，孟志军，赵春江，等．大田无人农场关键技术研究现状与展望[J]．

---

① 智能农机群体作业参考图片：https://www.chinadaily.com.cn/a/202103/15/WS604f09bea31024ad0baaf424_2.html

智慧农业 (中英文), 2022, 4 (4) : 1−25.

[3] 刘成良, 贡亮, 苑进, 等 . 农业机器人关键技术研究现状与发展趋势 [J]. 农业机械学报, 2022, 53 (7) : 1−22, 55.

[4] KAYACAN E, YOUNG S N, PESCHEL J M, et al. High−precision control of tracked field robots in the presence of unknown traction coefficients [J]. Journal of Field Robotics, 2018, 35 (7) : 1050−1062.

[5] PHENOSPEX. FieldScan high−throughput field phenotyping [EB/OL]. [2023−05−24].https: // www.phenospex.com/products/plant−phenotyping/fieldscan−high−throughput−field−phenotyping/.

[6] BIRRELL S, HUGHES J, CAI J Y, et al. Field−tested robotic harvesting system for iceberg lettuce [J]. Field Robotics, 2020 (37) 225−245.

[7] 中国日报网 .Heroes planted seeds of long−term farm success [EB/OL]. (2021−03−15) [2023−06−24].https://www.chinadaily.com.cn/a/202103/15/WS604f09bea31024ad 0baaf424_2.html.

第七章

粮食产业链全程精准监控

现代农业竞争已由产品之间的竞争，转为产业链之间的竞争。粮食产业链联系不紧密，甚至脱节，致使粮食产区生产及经济运行效率低、信息不对称，严重影响粮食产区经济发展和农户收益，威胁我国粮食安全。

小李是一位农民，他通过智能农业技术管理农业生产，提高了粮食收成，但是随之而来的是粮食销售问题，产能过剩致使粮食滞销，粮食的仓储和物流都成了问题，投入产出比不高，他该如何更好地解决这些问题呢？智能农业专家苏教授为他解惑，农民通过了解市场行情，站在粮食产业链的中高端俯瞰粮食市场，可以更准确地了解市场需求，制订更合理的种粮计划，提高粮食销售额和利润。但是，大多数农民都无法实时掌握以上资源，所以需要利用农业大数据技术完成数据分析和市场预测，农民通过手机APP等智能终端就能看到"钱等粮"的粮食收购订单，同时有区块链技术做支撑，无须担心数据安全问题，足不出户就可以完成粮食产业链的产销对接。国家也对这方面给予了大力支持，将智能技术在优质粮食工程的发展上贯彻始终。小李感受到了政府建立粮食安全监管的坚定态度，看到了智能技术在粮食产业链协同发展中起到的重要作用，他马上为自己制订了符合市场需求的种粮计划，同时也对粮食销量信心倍增。

本章主要以粮食产业链全程精准监控为例，阐述智能技术如何实现粮食产业链协同发展，以典型案例探索农业大数据、区块链技术如何赋能粮食全产业链，以及五优联动政策驱动下粮食工程产业链的智慧升级。

第一节　"掌控"粮食产业链"上下游"的大数据

近年来，农业大数据技术不仅能够对农产品的生长环境进行全方位监控，还通过探索和研究消费者行为，优化和完善已有农产品追溯体系，使生产者和消费者之间的互动更加频繁，建立了良好的信任关系，使广大农户由原来的生产主体转变成为农业全产业链各环节利益增值的获益主体。从上游生产到下游流通，再到销售终端，一切可以数据化的农业领域，都因大数据变得不同。借助大数据技术，实现了更高层次、更高水平的国家粮食安全保障。

一、粮食主产区的大数据建设

粮食主产区通过建立数据仓库，实现生产环节终端采集数据的挖掘、清洗、分析和处理，对作物育种、施肥、植保、收获等环节都具有指导作用，能够实现粮食生产资源的最优化配置。粮食主产区的大数据建设不仅可以保证粮食供应可控，使水稻、玉米、小麦等国内原料供应充足，而且还能为粮食价格的稳定提供保障，盈利能力也能保持相对稳定，可应对全球粮油价格上涨所带来的冲击，因此，粮食生产区的大数据建设至关重要。

北大荒集团引进先进技术模式发展无人农场，通过大数据技术构建云上数据共享圈，将数据进行动态可视化管理，为农民提供全天候线上线下服务，保障了需求端的粮食供给。粮食主产区大数据平台如

图 7-1 所示，该平台有效解决了粮食生产信息不对称问题，通过制定一系列监控和管理措施，实现粮食生产综合调控，促进产区智能农业高效有序的发展。

图 7-1 粮食主产区大数据平台

二、粮食商业服务的大数据建设

粮食商业服务包括粮食产业链上游的种业和植保服务，以及下游的流通和加工服务。

1. 粮食种业服务的大数据建设

粮食种业是国家战略性、基础性核心产业，对保证国家粮食安全和推动地方经济发展具有重要的意义。通过构建种业大数据服务平台，围绕育种、制种、销售、服务等多种场景建设带有种业数据处理、数据服务、数据仓库等功能的一体化大数据服务体系，可以实现种业的全链条数据监管、信息公开和分析决策。在育种和制种场景中，粮食种业的线上种质资源库利用大数据技术体系提升种子的研发效率，同时整合品种管理、种子生产经营、市场供需各环节信息数据，实现线上申请新品种保护、品种审定、品种登记、引种备案、种子生产经营许可备案；在销售和服务场景中，数据技术体系还可以统一规范种子市场标签，提供种子供求、市场价格、市场监管等信息的公开和查询，实现从品种选育到种子零售的全程可追溯，为农民选购放心种和农业部门依法治种提供信息服务。

2. 粮食植保服务的大数据建设

    粮食生产常年受病虫害频发、测报技术人员不足、基层植保机构人手减少、监测手段落后等问题的影响，使得我国粮食作物的植保服务面临严峻挑战。以数据集中和共享为途径，建设植保大数据，可以充分发挥大数据在监测预警、智能预测、信息服务等方面的作用，提高灾害预警和防控服务能力。通过植保大数据系统的实时双向链路、远距离回传的肥料喷施流量、作业面积和作业轨迹等数据，不仅可以实现农田远程监控，还可以通过后台的海量数据统计分析，使终端用户、植保管理人员通过手机或电脑自主、实时获取和掌控农田植保数据信息，为植保公司、农机合作服务社和农化厂商等行业用户提供具有实用价值的数据。

3. 粮食流通服务的大数据建设

    粮食流通服务以仓单交易数据为基础，通过建立仓单智能生成系统，可以使仓单交易及仓储智能化。粮食仓单智能生成系统如图7-2所示，系统通过终端设备接入物联网系统、仓单监管系统、仓单融资系统及移动展示终端，能够实现仓储的数字化改造、智能化监管、风控督导和仓单融资。其中，仓单监管系统基于大数据、规则引擎技术，实现了云仓监管、风控预警、工单监督、作业流程、资产监管等服务。

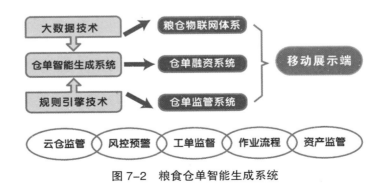

图7-2　粮食仓单智能生成系统

4.粮食加工服务的大数据建设

粮食加工行业常常面临着过度加工、设备简单和加工产品销售不畅等问题。通过大数据技术与传统粮食加工行业融合，不仅可以实现粮食加工生产线的全流程优化，还可以为粮食市场信息的发布和粮企的融资风控提供技术支持，粮食加工服务大数据平台的功能如图7-3所示。应用了大数据技术的粮食加工生产线智能化程度大幅提高，通过建立加工技术指标，实现最优粮食加工参数，提高食品加工的综合分析能力。粮食市场信息的发布通过大数据技术也实现了现货市场数据、价格监测数据、产区交易数据和实时货量的监控，掌控食品加工布局，提高经济指标。大数据驱动的征信体系，也为粮油加工企业提供有力保障，提升了粮企的内部管理水平和风险管控能力。

图7-3　粮食加工服务大数据平台的功能

三、大数据支撑下的数字农服

数字化时代催生了农业服务与大数据技术深度融合的农业供给侧平台——数字农服，其本质是把传统农业的供应链管理和产业链关键环节重构整合为社会化的网络协同，形成新型的平台分工协作关系，将农业生产经营沉淀的海量数据实现价值转换，是农业经济的"矿产能源"和"动力引擎"，将为农业发展带来"幂数效应"。

　　农业服务的数字化转型蕴含着巨大的资源转化问题，这一问题直接促进了农业服务联合体的出现，如图7-4所示。农业服务联合体集成了社会各界的服务资源，以渠道共享、能力共享、用户共享、数据共享、优势互补、互促共进的方式，合力打造数字农业农村产业服务生态，是数字农服的关键资源。

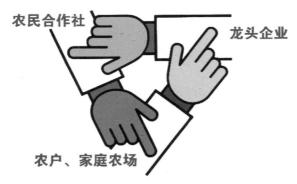

图7-4　农业服务联合体

1. 数字农服大数据技术

　　数字农服系统大数据技术主要包括大规模并行处理（MPP）数据库、数据挖掘、分布式文件系统、云计算平台和可扩展的存储系统等，下面简要介绍相关技术原理。

　　（1）大规模并行处理（MPP）数据库

　　MPP数据库是针对分析工作负载进行了优化的数据库，功能为聚合和处理大型数据集。MPP数据库往往是列式的，因此，MPP数据库通常将每一列存储为一个对象，而不是将表中的每一行存储为一个对象（事务数据库的功能）。这种体系结构使复杂的分析查询可以更快、更有效地处理。运用MPP数据库为粮食的农业服务环节的大型数据集提供巨大的运营和分析能力。

（2）数据挖掘

农业领域的信息是海量的、异构的，其中包括大量模糊的、不完整的、带有噪声和冗余的信息。利用数据挖掘技术对大量积累的农业信息进行挖掘，可以克服"数据丰富而知识贫乏"现象，寻找各种因素的内在联系和规律用于指导农业服务，这对数字农服的发展具有十分重要的意义。

（3）分布式文件系统

分布式文件系统可以有效解决数据的存储和管理难题，将固定于某个地点的某个文件系统，扩展到任意多个地点／多个文件系统，众多的节点组成一个文件系统网络。每个节点可以分布在不同的地点，通过网络进行节点间的通信和数据传输。在农业中通常基于分布式文件系统设计并研发农业数据的云存储系统，提升农业数据的共享能力，并解决农业信息"孤岛"问题。

（4）云计算平台

云计算平台也称为云平台，是指基于硬件资源和软件资源的服务，提供计算、网络和存储能力。云计算平台在农业中通常围绕粮食产业水肥药物资和服务核心要素，建立包括粮食作物资产管理、农事服务管理、农资投入品管理、产量管理和气象服务等模块的全数据、全链路、全流程智能农业大脑，帮助农户和农企整合资源和数据，直接对接上游供应商，实现精细化、可视化、可溯源的种植管理服务，从而实现增效、增产、增收。

2. 数字农服典型案例

"双控一服务"是北大荒农垦集团近年来为深化农业服务而推行的战略措施，致力于为粮食生产提供全程专业化服务，确保标准化生产和绿色化生产全覆盖，实现定制式生产、数字化经营。

"双控一服务"是指一方面控制生产前端，通过农业投入品的统供统购，提供质优价廉投入品；另一方面控制后端，通过农产品的统一营销，推进保底加分红的产品销售。同时，全力打造"数字农服"，为农业生产提供全程专业化的服务，确保标准化生产和绿色化生产全覆盖，实现定制式生产和数字化经营。①双控——生产端，农业投入品的安全监督对发展生态农业具有重要意义，其中大数据技术可以为农业投入品的规范化管理、标准化建设提供技术支持。通过建立统一监管码，使得农业投入品的质量安全、供应链、市场稽查和信用管控可追溯。②双控——营销端，大数据技术能有效带动农业生产与市场需求的精准匹配，有效解决农民和市场信息不对称的难题，帮助农业生产者更好地掌握信息，进而从根本上解决农产品销售难题。③一服务——农业服务端，大数据技术可以实现数据共享，直接促进"农业服务联合体"模式的发展。

第二节　农业区块链是粮食产业链的"连接链"

区块链能最大限度地消除整个粮食产业链的信息不对称问题，通过提高农业信息透明度和及时反应能力，使农业整条产业链去中心化、公开透明、各环节可追溯。之所以称农业区块链是粮食产业链的"连接链"，原因是区块链依靠遍布全球的全节点运行，每个全节点上都有全部数据，地位也是对等的，当区块链应用到粮食产业链中，任意数量的全节点都可以保证系统的正常运行，并不存在一个或几个地位突出的中心节点。通过这种组织形式，结合加密算法和共识机制，使农户和农企无须第三方机构，即可完成点对点的可信交易，实时掌控自己的资产。

一、什么是农业区块链

在粮食产业链中，区块链是一个"粮食大账本"，可以记录整条产购储加销环节的交易，每一个区块就是一个账本，通过记录交易信息、保障记录不可篡改等功能，实现整个粮食产业的增值。区块链提供的去中心化特性是其在智能农业方面应用的巨大优势，可以轻松地将数据分发到各个参与者的终端设备，传输的同时最大限度地减少数据丢失和失真。

二、为什么使用农业区块链

农业区块链支撑的"粮食大账本"记录了所有经过系统一致认可的交易，使区块链成为粮食产业链上下游的"连接链"。

1. 连接粮食生产端：区块链为农业保险提供保障

农民进入市场后，区块链同时提供了保障。农民为粮食作物投保，向保险公司索赔是一个痛苦、缓慢且繁重的过程。保险公司苦于没办法溯源，而拒绝为农业市场服务。区块链的进入提供一个新的思路，可使保险公司实时进行区块链防伪溯源，有效降低保险和信贷的风控风险及评估成本，增加保险公司对农户和资产的承保热情。

典型案例

气候风险区块链数字农险平台（Blockchain Climate Risk Crop Insurance）是由 The Climate Finance Lab 机构推出，基于区块链技术为发展中国家的农民提供保险服务，农险平台页面如图7-5所示。

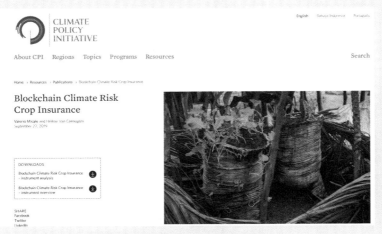

图7-5　气候风险区块链数字农险平台

（图片来自 Blockchain Climate Risk Crop Insurance 官网）

Blockchain Climate Risk Crop Insurance 实际上是个数字平台，通过在极端天气事件中实现透明、及时和公平地赔付，提高他们对气候变化的抵御能力。农作物保险政策被写入区块链上的智能合约中，并与当地天气挂钩。在极端天气事件期间，政策会自动触发，会产生公平、透明和及时的支付，提高小型农户对于保险的信任度，降低了索赔处理过程的交易成本。根据 The Climate Finance Lab 机构估计，从长远来看，此平台相比于传统保险的运营所需的成本降低多达 41%，保费降低多达 30%。此外，理赔周期从 3 个月缩短至 1 周，透明度的提高也在利益相关者之间建立了信任。

2. 连接粮食购销端：区块链保障农业数据安全

农业领域除了可溯源之外，生产者与需求方的信息也存在不透明的问题。一旦区块链技术应用于农业，大家就可以通过大数据分析，建立种植户、采购商的信用评级参考，利用智能合约在种植户和采购商之间保证公平交易。同时，区块链技术可以提高农产品买卖双方的契约精神，原因是数据管理系统将一系列经纪人、农民、加工商、分销商、监管机构、零售商和消费者纳入其监控范围，使得管理变得更加透明。

3. 连接粮食仓储和物流端：区块链降低农业管理成本

区块链技术运用之后，生产、流通等两大环节的成本会大大降低。例如，区块链技术能够解决信息自动存储和数据库管理问题，减少人工和其他设施的投入。另外，区块链技术还能够实现万物互联，帮助生产商和渠道商节约各项开支，生产和流通成本降低，农产品价格下降，最终使消费者获利。此外，农业补贴、土地登记等方面也可以应用区块链技术，解决贪污受贿、权益纠纷等问题。

4. 连接粮食加工和销售端：区块链使农产品可溯源

农产品溯源一直是农业的一个痛点问题，而区块链技术是可以对记录实现不可篡改，如图 7-6 所示，区块链为粮食产品贴上"身份证"，从粮食的生产端到流通端，消费者都可看到详细的数据，可以实现消费者明明白白消费，提高消费者的购买意愿。

图 7-6　区块链使农产品可溯源

5. 连接政府农业农村治理端：精准扶贫、精准脱贫

事实上，区块链在农业农村治理方面也有显著作用。"精准扶贫、精准脱贫"是我国政府提出的一项重大战略举措。区块链以其共识、去信任、防篡改、共监管、可追溯等机制，可以有效提高复杂环境下的信息高效管理，提高精准扶贫工作的"靶向性"，加强对资金流向、扶贫对象、获得效果等的有效监管，从管理理念和技术上为"精准定位和扶贫"提供坚实信息支撑。

第三节　粮食工程产业链升级——"五优联动"

如何让粮食在丰产的基础上，实现更高的经济效益呢？国家粮食和物资储备局提出，依托龙头企业，在农业生产上开展"五优联动"非常重要。"五优联动"，即围绕优质粮食的优产、优购、优储、优加和优销 5 个环节，形成调动粮食生产积极性的长效市场机制，推动粮食产业链协同，保障粮食供给安全。

一、"五优联动"的基础——"优粮优产"

"优粮优产"的核心是帮助产区和农户购进优质粮食品种并实现增产增收。这就需要借助 AI、IoT、遥感、大数据、5G、云计算等现代信息技术建立线上优种平台和智慧农场，实现农业生产全过程的智慧化管理，打通各环节的技术、管理壁垒，实现生产端的"量变"。

黑龙江省八五三农场注重调整农业种植结构和作物品质结构，形成完整的粮食优质高效精准化种植技术体系，建立了可持续发展的运行机制，扩大绿色（有机）作物种植面积，形成了一套可复制的产业应用模式，为粮食产区提供应用推广价值。

因此，全面提升粮食生产模式，从高品质角度引导和细化调整相应粮食种植规模和种植结构，才能促进优粮优产。

二、增收核心——"优粮优购"

"优粮优购"是农民获得实惠的核心环节，指粮权转移过程中，以市场端为导向，加强产销合作、产需衔接，建立粮食收购订单，使粮食卖得顺畅、卖上好价钱，让种粮农民有更多获得感和积极性。但是，粮权转移过程的产销对接仍然面临诸多挑战，市场端难以确定农民的粮食品种和产量，收储设施仓容跟不上需求量的变化，无法准确发布购粮需求，导致生产端难以获取实时的收购订单。如何使生产端明确生产量，使市场端明确收购量呢？数字化技术是关键。

我国优质粮食工程实施以来，中储粮的"惠三农"实现了购粮领域的数字化技术应用，努力做到"钱等粮"，使我国在 2022 年实现全年收购粮食 8000 亿斤。"惠三农"利用移动互联网、云计算和大数据技术整合领域资源，将公共信息服务系统和数据库做好数据对接和共享，并融合人工智能技术改善智能服务平台和智能终端软件，使生产端可以线上实时了解收购政策、收购订单、收购价格及仓容动态，使市场端可以线上实时了解产区产量，及时发布订单和挂牌收购，从根本上实现智能化产销对接，促进"优粮优购"。

因此，只有应用软件、互联网开发技术实现指尖售粮和数字购销，并通过数字化技术打通数据间的壁垒，做好数据整合，建立一体化管理平台和智能系统，实现粮食购销环节的信息化全覆盖，才能深入推进优质粮食工程。

三、节粮减损——"优粮优储"

我国通过"优粮优产"和"优粮优购"为优质粮食工程提供保障，并配合南粮北储、北粮南运及跨区域产销合作等政策格局，提升了粮食主产区的经济效益。但是，在提升经济效益的同时，更应该重视粮食损耗问题。实现"优粮优储"的智能化，完善粮食储备制度。

1. 粮食储备制度

2013 年，国务院发布《国务院关于建立国家专项粮食储备制度的决定》（国发〔1990〕55 号），强调认真解决好粮食储存问题。各地要通过建、修、租、买等多种途径解决粮食仓容不足问题。2014 年开始，国家按照"产区保持 3 个月，销区保持 6 个月，产销平衡区保持 4.5 个月"的市场供应量要求，重新核定并增加了地方粮食储备规模，各地已全部落实到位。

2. 智慧粮仓和物流信息系统

通过智能化技术改造粮食产业链中游的储运环节，着重发展智慧粮仓，探索开展粮食银行业务，发展现代信息化粮食物流系统，可以使粮食在储运环节及时减损，增强粮食安全保障能力。智慧粮仓采用 3D 虚拟仿真技术实现粮仓园区可视化，利用物联网技术和人工智能决策技术实现粮仓实时监控，应用机器视觉技术实现重点区域的监察和防护，应用传感器技术和大规模储存技术实现粮仓的能耗监控，各个信息系统在独立运转的同时，能够实现可视化、一体化的管理，实现粮仓管理的数字化和智能化。现代信息化粮食物流系统应用 RFID、

GIS、数据库、区块链和数据挖掘等技术，有效提高了粮食物流的效率、准时性、安全性和透明度。

2022 年，中山市中心粮库项目引入智能控温、智能通风、智能气调等现代化生产设施设备，重点提升仓房的气密和保温隔热性能，发展多参数多功能粮情测控系统。综合使用自动控制、射频识别（RFID）、智能车辆识别、人工智能、移动互联、图像及视频抓拍处理等技术手段，实现运输、登记、扦样、检验、计量、值仓、作业、结算的粮食出入库物流和仓储全过程数据采集自动化、可视化和可追溯性。同时，粮库建立了"数字化、智能化、可视化、精准化"的"互联网＋粮食"平台，服务粮食存储全生命周期，助力构建更为先进、高效、安全的粮食安全数字保障体系。

四、粮食生产的"生命线"——"优粮优加"

近年来，我国粮食加工业保持稳定增长，发展效益明显提升，节粮减损有所推进。但是，随着市场需求的不断变化，粮食加工应转变为适度加工，应将粮食加工标准个性化，从而适应不断更新迭代的市场需求。市场需要什么就种什么，通过加工订单带动种植的新型种植产业布局，实现产销的提前对接。

1. 依靠智能化粮食加工生产线提升产品品质

智能化粮食加工生产线采用脉冲除尘、智能砻谷、多机轻碾、冷米抛光、智慧选色等关键技术，既提升了产品的品质，提高了出米率，还可以实现粮食产品的个性化加工，满足市场需求。在个性化粮食加工标准的加持下，依托人工智能技术提升加工指标的检测、在线智能化控制和工艺装备水平，才能使粮食生产线实现精准适度加工，形成"优粮优加"。

2. 借助产业集群和智能平台实现产销对接

黑龙江省将"粮头食尾""农头工尾"这"两头两尾"与产业融合、县域经济等有机整合，打造农产品加工业"产业集群"，为黑龙江省经济运行提供了新的增长动力。农业高品质有机米成为全国各地的抢手货，每日保证库存，粮食加工能力高速增长，实现当地粮食就地消化。

重庆建设中国西部预制菜产业园，规划新建数字化智能化生产线、设置供应链集群运营结算中心、线上销售集群中心（企业直播平台）、国际食材冷链分拨中心、辐照中心、预制菜集采统配平台、园区数字化产业平台、智慧冷链运维和食品安全信息追溯区块链中心、供应链金融平台、新能源汽车配送运维平台等功能区，推动预制菜产业发展，食品加工业迎来跨越发展新机遇，助力"优粮优加"。

五、贸易粮的"心脏"——"优粮优销"

初级农产品和加工农产品的交易模式并不相同，粮食作物主要通过大宗农产品订单模式进行交易，我国建立了大型的粮食交易平台，实现了先找市场再抓生产、产销挂钩、以销定产的订单农业。目前，我国的粮食交易中心仍以最低收购价收购粮食，交易规则实行竞价交易。但各地粮食交易品种多以陈化粮和储备粮为主，贸易粮交易占比较低（目前不超过20%）。所以，需要提高贸易粮交易占比，满足用户需求。

1. 贸易粮交易仓单数字化生成系统

以产区数字化来支撑贸易粮比例的提升，需要建立线上销售平台，既满足了用户对优质粮食需求，又提升了农业生产者的效益。推进"优粮优销"线上线下融合发展，全力打造高质量、高价值供应链；线下打造完善营销网络，构建营销主干，优化网点布局，完善利益联结；线上线下融合建立公共区域品牌，在销售端进行优质贸易粮品种的口碑推广，并提升信息服务能力与水平，完成各种粮食体验店的建设，通过多样化的品牌推广方式使优质贸易粮产品在全国的影响力不断提升。

2. 国家粮食交易中心

2014年经中编办批准设立了国家粮食局粮食交易协调中心，负责搭建国家粮食交易平台，承担交易系统的平台维护、运行管理、创新与推广；负责组织协调国家政策性粮食（含油）交易和出库，开展国家政策性粮食交易资金结算；指导和监督各省（区、市）联网的国家粮食交易中心按照"公开、公平、公正、诚实、守信"的原则开展粮食交易相关工作；引导地方储备粮和社会贸易粮进场交易；负责粮食市场交易信息体系建设；承担国家粮食和物资储备局交办的其他工作。国家粮食交易中心和各省（自治区、直辖市）联网的省级粮食交易中心共同组成国家粮食交易平台体系。

六、"五优联动"的典型案例

1. 国家优质粮食工程

2017年我国中央优质粮食工程启动，实施粮食产后服务体系、粮食质量安全检验监测体系和"中国好粮油"行动计划，实现粮食产后服务体系全覆盖。这一举措使我国农业的生产经营模式从传统的经验型转变为规模效益型，逐步升级为绿色精准型，生产环节基于数字化、智慧化技术支撑，粮食生产实现增产增收。

中国中化集团有限公司在国内粮食主要产销区拥有完善的产业布局，产品销售网络遍布全国，自优质粮食工程实施以来，通过科技赋能全产业链，成就"MAP beSide"全程品控溯源品牌，其售出的每一袋大米，对应一张粮证和全球唯一的区块链溯源码，并从时间、地理、品质3个角度实现水稻种植、仓储、加工、品评、物流和销售各环节的溯源管理。

2. 国际四大粮商的全产业链模式

国际四大粮商——美国阿丹米、美国邦吉、美国嘉吉、法国路易达孚，控制着全球80%的粮食贸易，实力雄厚，且在中国设立多家分公司和机构，国际四大粮商的全产业链布局如图7-7所示。他们垄断的不单是粮食，而是农业全产业链。从种植、收储到落地加工，食品加工及大宗期货商品市场，实现完全垄断，依靠的就是"供需平衡"

的产销一体网络，经过近百年的发展，四大粮商已经探索出一条全产业链发展模式。

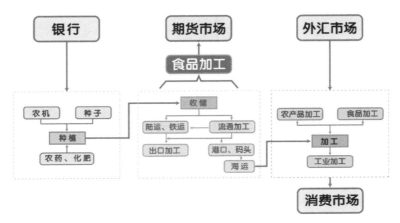

图7-7 国际四大粮商的全产业链布局

因此，跨国粮商不仅实现了对"地权"和"粮权"的掌控，还通过在区块链和人工智能技术方面的合作，将国际谷物贸易数字化，从而打开了巨大的利润空间。通过开发数字化的管理平台，提供粮食营销决策支持、电子商务和账户管理软件，把原有依赖纸质合同、发票和人工付款的系统转型为数字化运营，将区块链技术整合到供应链的不同层面，包括运输、存储和客户体验，这些技术不仅减少原本手动处理文档和数据的时间，还提高了供应链效率。

参考文献

[1] 叶兴庆，张云华，金三林.加快产业链整合 提升中国农业竞争力[J].中国经济报告，2017，94（8）：68–71.

[2] 刘春玲，崔凌云，贾冬青，等.数据挖掘技术在农业领域的应用[J].农机化研究，2010，32（7）：201–204.

[3] 应朝晖，高洪奎，黄若衡.分布式文件系统[J].计算机工程与科学，1995（3）：26–38.

第八章 ◉ ● ● ●

消费驱动型智能农业

传统的生产驱动型农业以"先生产、后销售"的模式运行，在国家的宏观调控下，尚可以维持短期稳定，但"高投入、低回报"会造成农产品产量过剩且价格波动严重，使得诸如"倒奶杀牛"等事件频出。

小王是一家农产品加工店的负责人，通过引进产区的新鲜农作物作为主要生产原料，将加工后的农产品送到消费端供消费者食用。但是，如今的消费者已经开始从单纯的价格和品牌关注，向更加注重食品品质转变，他需要保证农作物原料品质的同时还要保证足够的订单量并且不违约，但是产区距离问题使他无法实时了解到原料的生产状态和生产量，这让小王犯了难，一边是原料不可控，一边是订单高额的违约金，如何才能帮助他解决这些难题呢？他从智能农业专家苏教授那里了解到，产区数字化平台可以线上查看农户、农田、环境、种植等信息，从生产到供应的动态信息全链条可追溯，并且通过产销对接平台实时查询货源和价格，保证订单量和产品品质。他的求购需求和销售需求也可以发布到这个对接平台上，在有金融保障的情况下轻松完成在线交易。小王看到了消费驱动型智能农业带来的希望，自己的订单也有了保障，消除了担忧。将生产驱动型农业转型为消费驱动型农业，及时发现农业转型可能带来的问题并适时做出调整，是一种更为持久的新型农业发展战略，有助于促进智能农业的转型升级。

本章围绕如何顺利推动消费驱动型智能农业的建设展开讨论，通过对现代农业主产区和农业商业性服务智慧升级的系统性观察，探讨产区"线上可控"和商业服务"网络化"在智能农业中起到的关键作用，并结合案例梳理出消费驱动型智能农业转型升级的主要贡献。

第一节　产区实现"线上可控"

若以销售端主导和驱动农业发展，首要任务是实现农业生产区的线上可控性。支撑消费端的服务商往往担心自己的需求能否兑现，因此也导致整个农业的数字化进程弱于其他行业。如何保障产区的线上可控性呢？产区数字化、建立产销对接平台是关键。

一、产区数字化

当前，数字化技术正越来越多地从消费端的"餐桌"走向更上游的生产端"土地"，意味着需要实现从消费端到服务端再到生产端的产业链重塑。从一些大型数字平台的实践来看，要实现农产品从"土地"到"餐桌"，必须先实现产区的数字化，才能建立产销对接平台。产区数字化主要通过遥感、人工智能等技术，将农户、农田、环境、种植等信息进行全面数字化，从而帮助农户实现标准化生产管理，进一步解决消费端的担忧。

阿里云承载的产业园数字农业产业服务平台项目运用阿里云计算核心技术，采取快速迭代、敏捷实施的开发策略，通过搭建现代农业全产业链、全供应链、全价值链数据模型，打造"智能农业大脑"，实现马铃薯、榆阳湖羊等主导产业示范基地从生产、加工到供应、营销的"一网覆盖"，同步掌控农村集体产权制度改革和集体经济组织运营、新型经营主体发展动态信息。

数字化产区的打造，还要依靠精准可靠的农业大数据。作为智能农业发展的重要抓手，有些产区建有大数据中心、可追溯化体系等，已经把数字化的技术充分地利用，为产区、企业、产品的品质赋能。产区的数字化的发展更加有利于提升农产品的品质，规范市场行为，现代化的产区建设离不开数字化赋能。

二、产销对接平台

产销对接平台实现了农产品由传统的线下交易模式转型至线上信息发布与交易的新模式，为全国各地涉农部门、农业经营者等提供农产品的产销对接工具。部分企业利用大数据技术，通过数据形成交易市场画像，实现供求双方的信息获取效率和处理效率，降低了产销双方的信息不对称影响，由此降低了经济行为过程中的不确定性。

布瑞克于 2022 年上线了全国农产品"产销对接"数字化平台——农产品集购网，平台服务功能如图 8-1 所示，对社会免费开放，提供查货源、查价格等服务。该平台致力于畅通疫情防控之下的农产品销售渠道、共享采购信息、助力衔接产销，通过数字化手段合理统筹与再分配农产品"供"与"求"的关系，进一步撮合农产品在线交易行为。

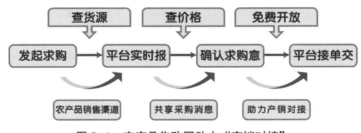

图 8-1　农产品集购网助力"产销对接"

第二节　商业性服务实现"网络化"

消费驱动型农业的转型是从市场和消费端先开始的，是农业转型的重要环节。消费端处于农业产业链的下游，当农产品随着消费端的诉求不断变换类型，这就需要合理且强大的商业性服务模式提供支撑，依靠现代网络技术促进订单农业、供应链系统、电商和传统渠道融合发展，带动智能农业的产销联动。

一、"互联网 +"订单农业

一般来说，大宗农产品的商业服务常常采用订单农业的模式。订单农业是农业营销模式变革的新型模式，又称合同农业、契约农业，是近年来出现的一种新型农业生产经营模式。农户根据其本身或其所在的乡村组织同农产品的购买者之间所签订的订单，组织安排农产品生产的一种农业产销模式。订单农业能够很好地适应市场需要，避免盲目生产。但是传统的订单农业模式仍然存在产销无法实时联动、交易成本和交易费用上升的问题。

因此，基于信息技术和互联网平台，能够扩宽农民了解市场需求信息的渠道，创新农产品产销对接模式和机制，有效解决传统产销对接模式所遇到的问题。

1."互联网 +"背景下专业化产销对接机制

我国传统的农产品产销对接机制主要包括农工对接、农批对接、农校对接、农社对接、农超对接和农产品直销等，近年兴起了网络销售机制，通过发展数字基础设施和"互联网 +"平台，助推产销对接专业化。在"互联网 +"背景下的产销对接机制发展重点是信息融合与产销精准匹配，利用好产销对接平台，为产销双方制定相应的数据填报标准，确保数据准确性的整体掌控，并不断深挖农业数据的潜在价值，才能实现产销市场的精准调控和对接。

2."互联网 +"背景下龙头企业主导的"基地 + 直销"模式

以龙头企业主导的"基地＋直销"模式如图 8-2 所示，"互联网 +"背景下龙头企业主导的"基地＋直销"模式将充分发挥龙头企业在资金、信息技术、管理理念和市场方面的优势，与农民或者相关组织建立农产品供给关系，利用"互联网 +"技术开拓一种崭新的农产品产销对接模式。例如，在阿里产地仓，集农产品贮存、保鲜、分级、分选、包装、发货、揽收为一体，快速将农产品变为商品，由此发往全国各地。

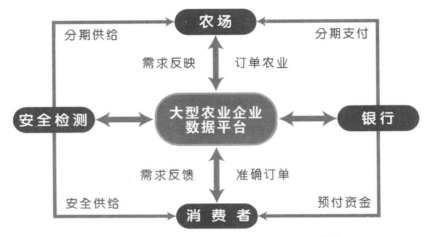

图 8-2　以龙头企业主导的"基地 + 直销"模式

二、优质农产品供应链系统

在农产品供应链组织模式中，农产品供应链由 5 个环节组成：生产资料的供应环节、生产环节、加工环节、配送环节和销售环节，每个环节又涉及各自的相关子环节和不同的组织载体。同时，相邻节点企业间表现出一种需求和供应的关系，并把所有相邻企业依次连接起来，由此形成了一个具有整体功能的网络。

现有的农产品供应链运作表明，在其构建的过程中，总有一个企业或一类企业（生产商、供应链商、销售商或中介组织）是供应链运行的主导力量，它们对供应链的各环节影响力最大。

目前，我国农产品供应链以批发市场为核心，由农产品生产者、产地批发商、运销商、农贸市场、超市连锁店、其他零售商及消费者等环节组成，其模式如图 8-3 所示。

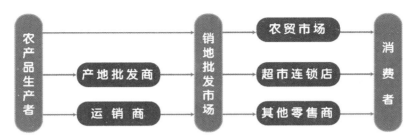

图 8-3　以批发农场为主体的农产品供应链模式

农产品供应链管理的目的是使供应链的总体效益最大化,而供应链上的各企业间却是相互独立的。只有通过贯穿各环节节点企业的纽带,实现供应链一体化,才能在交易成本降低的同时避免纵向一体化所造成的管理成本过高的弊端,最终实现利益最大化。结合当前农产品供应链痛点,农产品供应链系统建设可以从信息流、技术流、金融等与物流融合,打通农产品供应链各个环节,形成真正的优质农产品供应链系统。

1. 信息流 + 物流

通过供应链上信息平台建设,强化仓转配的大物流与平台的信息共享,在信息流和物流上双向流通,可实现各环节的品质追溯、时效追溯、物流全程追溯,提高供应链总体效率。例如,可以有效利用社交媒体提高营销范围。

2. 技术流 + 物流

由于农产品多样化的特性,部分农产品生鲜、果蔬等生产已迈步进入工厂化阶段,在供应链各个环节加入物联网环境感知及调控、智能标识、实时定位等技术来提高技术保障,建立标准化操作,从而降低生产成本及物流废弃成本。例如,生鲜企业冷链物流已经将智能环境调控、定位、标识等智能化技术及自动化操作融合至整个生产及配送流程中。

3. 金融 + 物流

以贴近末端的农产品批发市场或销售中心为交易核心,抓住生产和销售两个环节对资金的依赖,打造资金流、物流全封闭的农产品供应链金融，实现各环节利益共享。例如，国内知名的订货平台"易订货"提出的生鲜农贸行业全流程一体化解决方案。

三、农产品电商交易模式

2015 年中国兴起了农资电商热潮，并为"农业 + 互联网"下的农技服务奠定了根基，互联网农技服务、新型职业农民线上知识培训等在摸索中前进。中国农业的根本出路在于农业生产性服务组织体系的建立与完善，这是农业现代化的前提，也是中国农业的必然选择。

1. 传统的电子商务交易

随着互联网的飞速发展，农产品电子商务交易模式有效地推动了农业产业化的步伐，促进农业经济发展，最终实现农业贸易地球村，改变了农产品交易方式。

农产品电商是指在互联网开放的网络环境下，买卖双方在网络线上进行农产品的商贸活动，它是互联网技术变革农产品流通渠道的产物，是一种新型的商业模式。国内传统农产品流通销售过程（从农产品产出到消费），随着互联网的出现，将农产品的流通渠道变成网络状，进而衍生出 C2B/C2F 消费者定制模式、B2C 企业消费者模式、B2B 商家到商家模式、F2C 农场直供模式、O2O 农业社区模式 5 种不同的农产品电商模式。

2. 优质农产品竞价交易

农产品竞价交易作为一种高效透明的交易模式，拍卖成为国际上一种通行的农产品交易方式，正逐渐发挥出大宗农产品交易渠道的重要作用，农产品流通市场比较成熟的发达国家，根据各自的行业特征都在一定程度上应用拍卖批发交易，且有完善的立法保障其运作。美国农产品期货市场发达，80% 通过订单直销至大型商场、连锁超市，20% 通过农批市场销售，其中，小型农场通过当地农批市场和社区直接拍卖给消费者，以获取较高利润。

我国农产品拍卖交易场所仍然处于初级阶段。农产品竞价拍卖备受争议，虽然从我国已经开展的农产品拍卖交易来看，其发展势头呈良好趋势。但是，由于我国大多数农户的生产规模小、生产分散，且农户的文化素质不高，缺乏农产品分级、包装等方面的规范和标准，加之"重生产、轻流通"的思想，致使难以形成农产品拍卖所需的成熟市场主体。

国内大宗农产品交易场所拍卖模式应以标准化为基础，优化参与者，减少中间商，打造地理标志性产品，建立互联网平台的拍卖市场，不仅提高了交易效率，减少了交易时间，而且统一了区域市场，进一步降低了交易成本。基于目前我国移动终端用户的强大基数，未来开展手机 APP 交易将极大提升拍卖的交易效率及参与度。

3. 典型案例

"农业＋互联网"带动了农产品电商交易模式，其中以"B2B+B2C"的新型线上交易模式和大宗农产品线上拍卖为例，介绍"农业＋互联网"的网络效应。

（1）海南国际热带农产品交易中心

该交易中心运用"B2B+B2C"新模式进行线上交易。其中，B2B（企业对企业）模式采用荷兰式降价拍卖方式，B2C（企业对个人）采用竞价的方式。该系统通过整合垦区农产品资源，引导垦区企业进入竞拍系统交易，拓宽下游渠道，促进垦区农产品流通，推动农产品包装规范化、重量标准化、质量等级化发展，实现农产品资源优化配置，形成公开透明的商品流通体系，有效促进农业产业结构调整及转型升级。

（2）阿里拍卖

甘谷苹果通过阿里巴巴大宗批发平台拍卖销售，148.6 吨甘谷苹果成功交付。在拍卖中，共计上拍甘谷苹果有效标的 92 个，成交 76 个，成交金额 95 万元，成交转化率 82%，累计围观人次达到 2 万次以上，创造了阿里拍卖平台在拍卖期间的苹果销售纪录。此种农优特农产品网络拍卖模式，提升了农产品品牌影响力和品牌传播力。

（3）黑龙江大米网

黑龙江大米网开创了龙江优质农产品市场竞价、网上拍卖的先河。充分发挥电子商务、网通天下功能，选择五常、方正等优质品牌稻米和肇东、明水等地优质品牌杂粮上线交易，有效降低市场交易成本，提高市场交易效率。推行拍卖会员制度采取"开放注册、封闭运行"模式，所有参与拍人员均成为黑龙江大米网会员，确保拍卖活动安全顺利进行。

四、电商与供应链的融合——云物流流通模式

随着现代物流体系的不断发展与完善，农产品物流也随之产生相应变化，科学的种植方式使得农产品产量大幅提高，但是却缺乏有效的配送方式，且信息化程度较低，如何创新与改善农产品物流模式成为亟待解决的问题。

1. 什么是云物流？

云物流是一种依托云计算系统的智能化新兴物流体系，主要将云计算和物联网等新兴概念有机整合，提高物流信息的分类和归集水平，继而实现物流企业对物流渠道、物流信息的管理，能够进一步加强物流企业互动，有效提高物流服务质量。

云物流具有开放性、智慧性，包括平台运营者、供需双方及配送提供者。平台运营者负责整合供需双方及配送方的信息，根据其要求、产品及输送地等信息，利用大数据为其匹配最合适的配送服务提供者；供需双方主要由农产品供销社以及专业合作社构成，通过云物流上传数据，平台分析最适合的第三方配送者提供服务；配送提供者由第三方配送企业构成，平台根据配送需求信息，通过云计算技术计算出路径最短、成本最低、效率最快的配送提供者，提供者接受配送任务。

2. 云物流下农产品流通模式

（1）冷链云物流

通过建立冷链云物流，搭建供需双方交流的平台，整合第三方冷

链配送企业资源，实现信息共享，再通过云计算技术支撑，根据实际
情况进行智能分析，实现需求与成本的最优匹配。云物流冷链体系是
将配送过程涉及的流通主体进行整合，包括农产品供应双方及冷链物
流配送服务商。将服务配送服务商的信息整合，将加盟的物流配送服
务商信息实时共享到云物流平台，再通过云技术对农产品类别、配送
需求、配送路径等物流信息的分析，匹配出最佳配送服务商及最优配
送方案。对于农产品供应双方，可将农产品订单信息或需求信息上传
至云平台，利用平台大数据动态匹配出最优卖家或买家，解决冷链"最
初一公里"问题，降低产品损耗率及人力资源浪费率。冷链物流云平
台框架如图 8-4 所示。

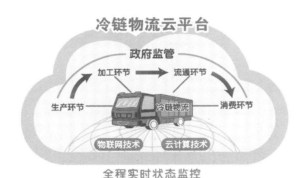

图 8-4　冷链物流云平台框架

（2）农物商一体化云物流

农物商一体化云物流模式通过接受客户订单、接受反馈意见等方
式搭建传统农产品物流服务体系以保持与客户的联系，并依托云物流
平台强大的数据处理与分析能力完成信息的处理。针对农产品物流运
输、服务的各个环节，云物流系统基于共用的信息平台（如社交平台），
智能抓取与农产品物流相关的信息。此外，利用 RFID、物联网技术可
以基本实现自动化仓库管理。针对农产品资源调配、出库入库及物流
查询过程，云物流系统以电子信息取代人工核对，通过射频识别、无
线数据通信技术，以二维码和 POS 为介质，可以实现物流单据全程可

查验，信息明确直接，大大降低了管理成本。农物商一体化云物流模式框架如图8-5所示。

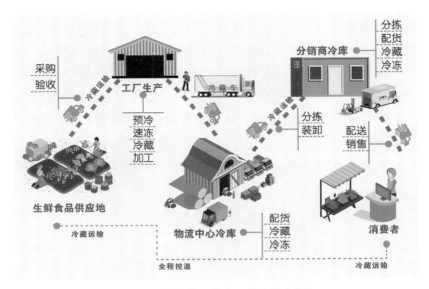

图8-5　农物商一体化云物流模式框架

第三节　"转型"的贡献

一、消费力与生产力"齐头并进"

传统的生产驱动型农业不利于现代化农业的发展，高投入和低收入使得农户的种植积极性备受打击。因此，重新审视消费与消费者在农业现代化中的地位与作用，促进了消费驱动型农业的转变。消费驱动型智能农业不仅实现了从上游把控农产品质量，并且通过下游渠道贴近终端客户，使生产过程完整可视，实现农产品可追溯性，为终端客户提供更多优质服务。智能农业示意如图8-6所示。

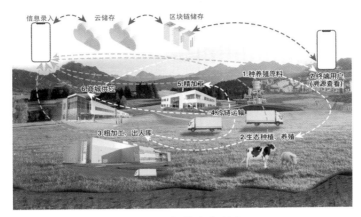

信息录入　　云储存　　区块链储存

6.商城供应　　5.精加工　　1.种养殖原料　　7.终端用户（溯源查看）

4.冷链运输

3.粗加工、出入库　　2.生态种植、养殖

图 8-6　智能农业示意

这一转变涵盖了农业经济体制的转变和农业智能化创新能力的转变。在农业经济体制转变方面，需要以消费引导农业生产，并决定农业生产的最终归属，使消费力和生产力共同成为现代农业发展的驱动力；在农业智能化创新能力转变方面，要组织实施农业信息化科技创新能力提升工程，加大农业物联网、大数据、人工智能、机器人等核心技术和装备的研发力度，为农业转型提供不竭动力。

消费驱动型农业的巨大贡献以调整农业结构布局为核心，形成全国统一的农业市场体系，有力地促进了农业市场体系的健康发展。这一转型也完善了农业服务功能，逐步规范了交易行为，建立的线上信息网实现了对国内外粮油市场的动态实时监测，提高了对粮油市场变化的快速反应能力。消费驱动型农业也为农业市场发展环境的改善提供支撑，使粮食期货在发现价格、规避风险等方面发挥越来越突出的作用，为稳定粮食生产、保障国家粮食安全做出了积极贡献。这一转型举措，可实现农村一二三产融合发展的巨大推动，拓宽农民增收渠道，构建现代农业产业体系，加快转变农业发展方式，产业链条完整、功能多样、业态丰富、利益联结紧密、产城融合更加协调，依托我国农业大国优势和制度优势，实现农业产业的国内国际双循环。

二、典型案例

智能农业进入新发展阶段后，消费驱动型农业高质量发展，从战略层面对智能农业进行了系统谋划与科学布局，以一二三产为核心，建设三产融合产业园和智慧农业供应链，根本性地提高了农业生产效率，均衡了区域资源禀赋，保障了农产品质量安全，提升了我国农产品在国内国际双循环格局下的市场竞争力。

1. 农业三产融合案例

生态农业——亚布力三产融合示范基地，位于黑龙江省哈尔滨市尚志市，是集种植养殖、餐饮娱乐、休闲观光于一体的农业园区，主要特点在于通过"企业（统筹规划）＋合作社（入股经营）＋农户（就业分红）"的运行机制，实现一二三产有机联动，引领乡村产业升级换代，不仅有效保障了农户权益，还实现了企业、村组、农民的利益共赢，农村整体经济得到了持续发展。亚布力重点国有林管理局绿色生态产业发展纪实如图8-7所示。

图8-7 亚布力重点国有林管理局绿色生态产业发展纪实

[图片来自《黑龙江林业报》（2018年4月）]

2. 农产品智慧供应链案例

智慧供应链精准扶贫——盒马鲜生，成立于2016年，是阿里巴巴集团旗下以数据和技术驱动的新零售平台。帮助农业精准扶贫，是农民脱贫的主导产业，打造从源头到餐桌的农产品垂直产业链，从消费升级到餐饮升级，让深藏在山中的特色农产品销往全国各地，保障生鲜品类多元化，社区居民产生口碑效应。

订单农业——盒马村，指根据订单为盒马种植农产品的村庄，是当代农产品供应链发展的新样本。盒马村已在全国 18 个省份建立 100多个试点，以"农业 + 数字化"新模式为基础，发展现代物流体系深度融合的新零售，使农村从分散孤立的生产单元升级为农业产业链的一部分，推动农产品精细化、标准化和数字化改造，发展智慧供应链。部分盒马村代表农产品如表 8-1 所示。

表 8-1　部分盒马村代表农产品

盒马村	农产品
四川丹巴八科村	黄金荚
上海崇明华西村	翠冠梨
深圳坪山曾屋村	杨梅
湖北仙桃下查埠村	藕带
江苏溧阳西土桥村	白芹
河北迁西大岭寨村	板栗
非洲卢旺达 Gashora 村	哈瓦那辣椒
山东临沂李艾曲村	黄瓜、茄子
四川美姑九口村	黑山羊
四川峨眉山太坪村	豌豆尖

参考文献

[1] 周慧，唐瑾 . 云物流环境下农物商一体化农产品物流模式设计 [J]. 商业经济研究，2020（22）：92-94.

[2] 兰莹霜，杨柳 . 基于"云物流"的城乡冷链物流配送体系研究 [J]. 中国市场，2020（15）：162-163.

第九章 ◉ ● · ·

智慧养殖

　　肉类产品是人类多元食物的重要来源之一，在人们的日常食物消费中占有重要的地位。近年来，随着人民生活水平的不断提高，人均肉类消费需求整体呈上升趋势。同时，国家及地方政府也不断出台相关政策加大对养殖业发展的扶持，加速了规模化养殖发展的步伐，提升了农民对畜禽养殖的积极性。养殖户小张在畜禽养殖过程中经济收入不断增长，尤其是近年来在"非洲猪瘟"疫情的冲击下，养殖收入未减反增，这得益于他超前的思维及智慧化养殖生产模式。

　　小张经营着一家中小规模的养猪场，一个偶然的机会他从智能农业专家苏教授那里了解到，通过智慧养殖技术可以改变传统养殖过程中的饲养员雇佣难、人力成本高、环境控制及饲喂管理差等困扰养猪生产的难题，从此踏上了智能养殖之路。他利用环境智能调控实时监测来自动控制猪舍环境，根据生理参数与行为状态智能检测判断猪是否健康，通过饲喂机器人及精准定制化饲喂方案，让猪吃得更好。更重要的是，他通过新闻媒体报道的关于楼房养猪、生猪大数据平台创新等了解到无人化养殖工厂可以更好地实现他的智慧养殖梦。

　　本章主要以生猪、奶牛、鸡等畜禽品种养殖为例，举例说明智能化技术是如何提升环境自动管控水平、生理参数与疾病自动检测、精准饲喂等的应用及变革，给出智能化养殖工厂应用案例及未来发展方向。

第一节　智慧养殖概念与发展历程

一、什么是智慧养殖

（一）智慧养殖的定义

智慧养殖是通过物联网、大数据、人工智能等新一代信息技术对动物生理、饲养环境、饲养管理等信息进行感知，通过 5G、Wi-Fi 等通信技术将信息实时传输送至大数据平台，然后基于人工智能算法生成控制决策，联动控制各种设备协同工作，实现科学、智能养殖管理，达到降低生产成本、减少疫情风险、提高养殖效益目的的一种新型养殖模式。

智慧养殖旨在通过智能化技术与服务系统为畜禽养殖打造健康、舒适、安全的生活环境，以及精准的饲喂方式，为养殖者提供高效、可靠的管理手段。

（二）养殖生产发展历程

现代养殖生产在人工养殖阶段后，正在经历机械化、信息化的发展过程，逐步向着智能化与智慧化的方向发展。机械化发展阶段的主要特征是以传统机械作业替代人工饲养及管理操作，在一定程度上可提高生产效率，减少人力成本。随着计算机软件及应用系统的发展，养殖生产进入了信息化阶段，养殖行业开始以信息管理软件为主要手段实现生产管理基本信息的统计和分析，将管理人员从人工记录及统计工作中解放出来。目前，畜禽养殖已发展到了智能化阶段，主要通过智能数据分析生成自动控制指令控制现场设备运行，可应用于饲料配比及下料等生产环节，在此阶段以智能化技术与传统的人工养殖技术和经验相结合为鲜明特征。随着人工智能技术的蓬勃发展，机器大脑逐渐取代人类决策，养殖业将进入自主决策的智慧化养殖阶段，此阶段以无人化、机器化为主要特征，引领养殖产业全面变革，是现代养殖业发展的更高级阶段。

（三）智慧养殖——养殖生产的全方位护航者

同传统养殖模式相比，智慧化养殖更易实现规模化养殖方式下养殖、工艺、设备和智能决策的匹配。智慧养殖需要以数字化建设为基础，基于统一的自主智能决策来提升养殖的智能化水平。例如，在环境监测方面，通过 PC、APP、小程序等方式协助管理员实时监控设备运转状态，实时记录检测动物信息，并针对问题做出相关养殖方案调整。例如，根据生长曲线动态调整舍内风机、照明、加热等设备，实现养殖舍环境自动化管控。在个体信息感知方面，采集畜禽个体体温、体况等参数，采集饮水、活动量、发情、姿态、社会行为等信息，实现智能监测及数据统计分析，从而辅助生产决策。在疾病诊断方面，通过养殖环境、个体行为、生理参数中等多源数据融合来实现精准及时的疾病智能诊断及预警，最大限度减小养殖生产损失。在成本管理方面，养殖工艺与设备相匹配，合理规划饲喂、环控、清粪等环节，能够有效降低人力成本、减小能源消耗、减少疫病预防及治疗损失。在信息溯源方面，畜禽养殖生长数据、饲养批次等信息能够实时上传至云数据平台，提供准确可靠信息供客户查验。

二、智慧养殖的驱动力

（一）消费所需

近年来，中国居民生活水平不断提高，人均肉类消费需求整体呈上升趋势。从肉类消费结构来看，中国居民肉类消费仍以猪肉为主，牛、羊肉及禽肉等其他肉类消费比重正快速提升。2020 年中国人均肉类消耗量为 51.4 千克，相比发达国家同期近 100 千克的人均肉类消费量仍有较大差距，中国肉类进口额为 302.7 亿美元，在如此大的肉类产品进口需求下，养殖行业急需升级技术水平，提高产能。

（二）生产所急

然而，在中国传统的养殖行业中，饲料、人工及场地成本占了养殖成本的 80%，畜禽只成本占 20%。受市场波动加剧、疫情防控，以及玉米和豆粕等主要饲料价格不断上涨等多重因素影响，养殖企业降本增效需求愈发迫切。饲养管理方面，养殖规模不断扩大，劳动力减少，人工成本逐渐增加。因此，传统养殖行业面临诸多现实问题，促使养殖企业寻求全方位的饲养及管理技术的提档升级，以减少饲养成本、提高经济效益、降低疫病风险。同时，养殖行业受市场行情、"非洲猪瘟"疫病等影响巨大，饲养管理及信息服务技术落后，养殖存栏量与市场需求信息、价格信息严重不对称等造成的诸如"猪周期"等一系列问题急需解决。

（三）政策导向

近年来，我国政府出台诸多利好政策，持续促进传统养殖向着智慧养殖方向发展。例如，《国家乡村振兴战略规划（2018—2022 年）》《数字乡村发展战略纲要》《数字农业农村发展规划（2019—2025）》《"十四五"推进农业农村现代化规划》等一系列政治支持文件。除此之外，每年的中央一号文件重点强化现代农业发展，如 2021 年中央一号文件提出将"加快构建现代养殖体系"作为未来养殖行业发展方向，2022 年中央一号文件明确提出重点推进智慧农业建设，2023 年中央一号文件提出构建多元化食物供给体系、发展现代设施农业、推动现代农业关键核心技术等一系列政策提升"三农"建设。在这一系列国家政策指引下，必将进一步驱动智慧养殖发展。

（四）科技助力

目前，以物联网、人工智能、大数据技术为代表的新一代信息技术大潮正在以迅雷不及掩耳之势冲击着传统行业的发展，必将给养殖行业带来巨大变革及发展机遇。中国智慧养殖行业处于刚刚起步阶段，大型养殖企业和互联网巨头公司纷纷入局，行业必将飞速发展。例如，近年来，牧原股份持续加速智慧养殖全业务流程布局，温氏股份与金蝶集团共同搭建农牧行业数字化平台，新五丰与华为合作打造养猪数字化体系，阿里云与四川特驱集团、德康集团宣布达成养 AI 猪合作，京东推出的猪脸识别及智慧养殖；等等。在政策利好与技术进步的双重驱动下，2026 年，预计中国智慧养殖市场规模将达到 477 亿元，2021—2026 年复合年均增长率为 37.3%。因此，当传统养殖业以现代信息技术加持时，必将会推动全产业向着高效率、低成本、工厂化、绿色智能化的方向发展，加速实现养殖业优质、高效、安全和生产过程可控的目标。

第二节　"舒适吗？"——环境智能调控

养殖环境是影响畜禽生产及健康的重要因素。基于物联网技术，利用大量监测感知传感器、自动化控制模块、管理云平台等，对养殖环境信息进行实时采集、智能控制、异常示警等管理，营造舒适、健康的养殖环境，从而稳定畜禽的生产环境，实现智能化管理。

一、智能化畜禽舍

主流的畜禽舍的建筑样式包含敞开式、有窗式和密闭式 3 类。一般以平层畜禽舍、楼房畜禽舍、棚架式畜禽舍的样式呈现。智能化畜禽舍多数采用密闭方式，在生活区域中包含传感器、控制设备、照明系统、饲喂系统及监控和报警系统。以猪舍为例，现代智能化猪舍布局如图 9-1 所示。

在典型的智能猪舍内可实时监测环境中的温度、湿度、光照、有害气体等数据，根据具体监测数据，利用智能化算法实时决策提供控制策略，进而实现加热器、通风装置、加湿设备等设备的智能控制，营造畜禽生活的适宜环境，从而提高生产的产出且减少病害的发生。

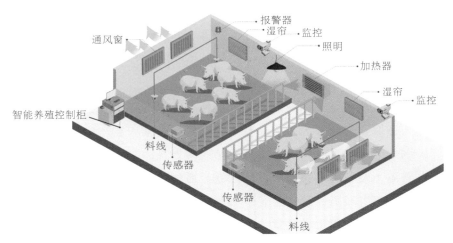

图 9-1　现代智能化猪舍布局

　　如图 9-2 所示，在智能化鸡舍中，供水、供温、拾蛋、消毒、喂料等主要部件，集成了中国、德国、法国、日本等 13 个国家的先进技术和装备，可实现生产环节的自动喂食、鸡粪自动化输送、自动拾蛋及对每一枚鸡蛋喷码等智能化管理。

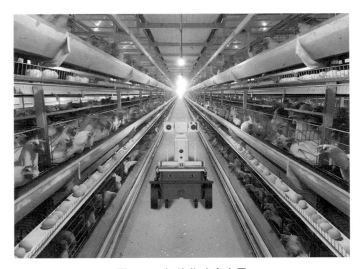

图 9-2　智能化鸡舍内景

二、环境因子及控制设备

（一）环境因子

1. 温湿度

影响畜禽生长的环境因子主要包括温度、湿度、有害气体浓度、气流与通风及光照等因素。温度是影响畜禽健康和生产水平的重要因素。例如，长期高温环境会减少生猪的采食量，造成营养不良，进而影响繁殖力及免疫功能，而温度过低会增加生猪的采食量，降低饲料转化率。奶牛产奶的适宜温度为 12.4 ~ 24.4 ℃，当温度过高时，容易产生热应激，奶牛进食量会减少，牛奶产量会下降，严重时会导致奶牛生殖系统受损，繁殖性能会受到影响。当温度较低时，会刺激奶牛的食欲，奶牛会通过增加进食量来维持体温，但是消化率会降低，导致粮食的转换率下降，对奶牛生长造成不利影响。温度同样会影响蛋鸡的生产性能，产蛋的最佳环境温度为 19 ~ 22 ℃，过高和过低的环境温度会引起鸡的热应激和冷应激反应，影响产蛋量，同时会引起鸡的疾病且死亡率增加。

湿度是畜禽舍环境的另一个重要指标，和温度相关联，同时影响畜禽的生长和健康状态。高温高湿、低温高湿、高温低湿均不利于畜禽健康。例如，当奶牛舍内温度低、湿度高时，奶牛的体温调节会出现异常，从而导致营养不良、抵抗力降低，进而影响产奶量。鸡舍内相对湿度也对蛋鸡的生产性能有着一定的影响。鸡舍内相对湿度 50% ~ 70% 时较为适宜。

2. 空气质量环境

健康清洁的畜禽舍空气环境是保证动物正常生理机能的重要条件，有害的空气环境会影响动物健康及繁殖性能，引发各种疾病。其中需要监测的气体主要是氨气、二氧化碳、甲烷和硫化氢。氨气是主要污染气体之一，由舍内的粪便和饲料残渣经微生物分解和发酵产生，猪舍内氨气浓度过高时会引发畜禽的呼吸性疾病。二氧化碳是一种温室气体，在畜禽舍内主要来源于动物的呼吸和粪便的分解。在密闭的畜禽舍环境中高浓度的二氧化碳会影响动物的增重。硫化氢被认为是舍内最危险的气体之一，它与舍内动物粪便的分解有关，不同浓度的硫化氢会对工人和动物带来不同程度的危害。

3. 通风

通风换气是舍内环境控制的重要手段。通过将舍外新鲜空气引入舍内，保证舍内有充足的氧气，排除舍内的热、湿、粉尘、氨气、硫化氢和二氧化碳等有害气体，改善舍内的空气质量，能够有效促进动物的正常生长并提高生产力。不同的季节对畜禽舍通风的目的不同，炎热高温的季节，通风可以排除舍内大量的余热，降低舍内高温，动物会感到舒适，可以缓解高温的不良影响；在冬季，通风换气是为了引入舍外新鲜的空气，排除舍内污浊的空气，降低舍内的水汽，减小舍内湿度。

4. 光照

光照是影响畜禽健康及生产的因素之一，尤其是调节鸡生理和行为过程的重要因素。在密闭鸡舍中，难以借助自然光保证鸡的健康，需要照明设备调节。光周期被认为是在鸡舍光照控制中最重要的手段。长时间的光照能够增加鸡的采食量，进而提升产蛋率，但不合适的光照时间会破坏蛋鸡的昼夜节律，导致蛋鸡代谢和免疫紊乱，从而影响蛋鸡的生产性能。

（二）环境监测及控制系统

1. 传感器

传感器是实现畜禽舍内环境因子监测及控制的基础，畜禽舍环境监测传感器类型主要包括温度传感器、湿度传感器、风速传感器、静压力传感器、气体浓度传感器和光辐射传感器等。目前，气体浓度传感器中氨气浓度和硫化氢传感器大部分是电化学工作方式，二氧化碳浓度传感器是基于红外光工作方式。为了效率更快、精度更高，有害气体采集方式由单因素转为多因素集成采集方式，如多种气体监测仪和分析仪等。

2. 环境控制系统

智能环境控制系统，会根据传感器采集的舍内环境数据以及畜禽养殖标准规范生成环境控制策略，送入智能控制器，实现畜禽舍的环境控制设备（加热器、风机、除湿机、湿帘等）运行状态调控，实现舍内环境控制。同时，可在 PC 端和手机端对舍内的环境质量进行查询，对设备实现自动或手动控制。控制器与现场设备通信方式分为有线和无线两种方式，有线通信方式一般采用 RS232 或 485 总线通信方式，无线通信方式目前多采用 4G 或 Wi-Fi，或窄带物联网 NB-IoT 方式。控制器与远程数据平台采用 GPRS 模块实现控制器数据与云服务器的接入，使控制器与云平台进行数据透传。随着 5G 通信技术的发展，未来在畜禽养殖领域也会实现业务承载、网络架构、频段资源、信号覆盖、应用开发等方面的标准化全覆盖。

三、生物安全防控

近年来，非洲猪瘟、禽流感等疾病的流行引起了企业和政府对生物安全防控的重视，智能化的生物安全监控和预警得到了很大的发展和大范围的推广应用。通过生物安全智能管控系统，能够全面监控养殖场的人流、动物流、物流、车流、污流等流向，进而采取必要的措施，从源头上杜绝传染源。

（一）生物安全防控系统的组成

生物安全防控系统一般由硬件部分和软件部分组成。硬件部分主要由温湿度传感器、智能水电量采集传感器、辅助的数据采集传感器、视觉摄像头、网络设备等组成。软件一般包括管理人员、车辆、物资的管理系统、智能处理算法及电脑或手机终端的管理软件等部分。典型的生物安全智能防控能够实现生物安全区域管理、人员消毒安全管理、洗消安全管理和物资消毒安全管理。

（二）智能管理和监测

　　智能化的人员、物资、车辆洗消安全管理使用人脸识别门禁系统确认洗消人员的身份，使用车牌识别技术确认车辆身份，基于物联网技术感知消毒温度、时长等信息，结合门禁系统和视频监控系统，保证物资的消毒过程、消毒时长等达到安全进场的需求。智能监测系统能够识别车辆底盘、水枪及人员动作、车辆类型及车牌号等信息，保证车辆在洗消的各个环节有效时长和温度控制等的规范性，从而实现从车辆入场开始的全程可跟踪控制。

四、粪污清理及资源化利用

　　畜禽养殖中会产生大量的粪污，保持畜禽舍内清洁和有效处理养殖废弃物，减少对周边环境、土壤和水源等污染，是畜禽养殖行业和国家环保部门关注的重点。

　　目前，粪污清理智能化设备主要有清粪设备、粪便运输设备和处理设备。设备能够根据畜禽舍的场景自动规划行动路径，利用GPS定位，避开障碍，识别粪便，智能控制行走速度和喷水速度等。

　　对畜污等养殖废弃物进行资源化利用，可通过专业的智能化粪便发酵处理装备，在全密闭发酵舱内和智能机器人的运行下进行畜禽粪污的快速、高温、无害化处理，并将猪、牛和鸡鸭等畜禽的粪污中有机物分解，提高粪污肥的养分含量，实现生态环保全产业链运作。

第三节　"病了吗？"——生理参数与行为状态检测

　　畜禽生理和行为参数与动物的健康密切相关，随着养殖产业的规模化发展，在智能化技术的推动下，对动物健康监测也更加精准和直观，完全改变了传统养殖中粗放的养殖模式。

一、生理参数感知

对动物的生理参数感知包括对其体温、呼吸、运动量、采食量、体重、发情监测和背膘等方面的监测。

（一）体温监测

在畜禽养殖生产中，体温通常作为反映动物生理状态的一项重要指标，其变化直接反映着动物的健康状况。在大部分传染性疾病中，体温异常往往是重要警示，对猪、牛、鸡等畜禽进行体温监测和分析能有效发现疾病早期症状，可及时通知养殖人员处理，减少养殖企业的经济损失。

在畜禽体温自动检测中，可分为体内和体外两大类测温方式，体内测温通常可统称为植入式方法测温，而体外测温根据传感器与动物的接触方式可分为接触式与非接触式两种测温方法。如图9-3所示，植入式 RFID 感温芯片在鸡体腔内测温；如图9-4所示，使用红外热像仪测量猪的体温。非接触式测温方法以其速度快、测温范围广等优点，逐渐应用于大规模畜禽养殖中。

图9-3 在鸡体腔内植入式 RFID 感温芯片

图 9-4　使用红外热像仪体外测温

（二）活动量及脉搏监测

采用穿戴式传感器节点连续性和实时性的获取畜禽活动量、呼吸频率和脉搏等参数，对畜禽休息、散步、快走等行为特征准确区分，可以长时间监测畜禽个体生理指标，反馈其健康状况。通过可穿戴设备（计步器、脉搏监测仪）获得奶牛活动量和脉搏数据，通过智能算法对数据进行分析，判断发情牛只的各项发情生理活动，提升动物福利和养殖管理水平。

（三）体重监测

体重是反映畜禽身体健康与生长状况、繁殖与生产性能的重要指标。体重稳定增长是畜禽健康状况良好的标志，是畜禽出栏、销售的重要决定因素。近年来机器视觉技术因其直观、非接触式的优点，作为人工智能的核心技术在农业领域得到了广泛的应用。

在畜禽养殖领域，机器视觉技术主要集中于解决体重评估、个体识别、行为监测、疾病监控和环境控制等各种问题。通过安装在不同位置的摄像头来采集猪、鸡、牛、羊等畜禽的图像或视频，传送至图像或视频处理系统得到畜禽的体重数据，将其作为体重评估的特征，使用机器学习算法建立评估模型获得畜禽的体重。目前，利用机器视觉技术进行畜禽体重测量还在实验室阶段，未有成熟产品走向商业化应用。

二、行为状态监测

畜禽行为可以反映其健康、福利情况和生长状况。畜禽的饮食、饮水、社会性行为是动物健康、生活环境质量等的衡量标准。例如，猪之间的攻击会导致皮肤创伤、感染甚至致命伤害。过度的爬跨行为可能会导致皮肤损伤、跛行和压力，带来经济损失。咬尾会造成猪的损伤，对养猪生产造成影响。哺乳行为是母猪哺乳期的行为之一，对仔猪的早期生存和生长起着至关重要的作用。奶牛跛行是乳制品行业中影响畜群生产力和动物福利的重要问题，临床研究表明，跛行对产奶量和繁殖性能均有显著影响。牛的姿态估计是分析牛的行为和评估牛的健康的关键步骤，对牛的智能育种具有重要意义。因此，家畜行为的监测和识别对于发展精准畜牧业具有重要意义。

近年来，计算机视觉技术以直观、无创、连续的优点被广泛应用于畜禽行为的识别，计算机视觉是利用计算机和相关设备模拟生物视觉的一种方法，是人工智能领域的重要组成部分。其主要任务是使用智能算法对采集到的图像或视频进行处理，获取个体相应的场景信息，进而感知其身体状况并进行个体分析。图9-5为基于计算机视觉技术对猪的攻击行为进行识别。

图9-5　基于计算机视觉技术对猪的攻击行为识别

对牲畜的个体跟踪、识别和监测，可通过GPS定位和RFID技术来实现，在精准饲喂、疾病监测和个性化管理等方面都具有重要的意义。近年来，先进的跟踪技术主要是通过视频图像作为数据集，以深度学习中的目标检测算法作为特征提取框架，再结合跟踪算法进而实现对动物运动的跟踪。

三、畜禽个体识别

随着畜禽养殖集约化程度不断提高，个体识别技术越来越重要，它是实现精准畜牧的重要基础，是个体精准饲喂饲养、疾病监测、畜产品溯源等的重要技术支撑。个体识别的方法包括 RFID 识别、人工标记识别、生物特征识别（耳脉、口吻点、虹膜、视网膜、身体部位及形状识别和面部识别）等。

将 RFID 芯片植入耳标或者项圈中作为动物个体的识别标签，动物生活场景中安装多个 RFID 阅读器。当畜禽进入一个 RFID 阅读器的范围内，阅读器就会读取此标签存储的个体数据实现个体识别。项圈、耳标这种佩戴方式，容易引起畜禽的应激反应或是给其带来感染的风险。新型的智能个体识别方法，采用非接触式的计算机视觉技术，以生物特征作为识别媒介。例如，牛羊等个体视网膜血管的分布是一种独特的适合牲畜动物识别方式，获取视网膜图案，采用计算机视觉的技术识别个体虹膜的图案，是一种有效的生物识别标记；根据口吻点图像模式特征进行动物的识别，通过视频技术识别口吻部丰富而密集的纹理特征，可有效区分动物个体；牛和猪等家畜具有皮肤纹理信息和清晰的面部特征并且这种面部特征具有普遍性、清晰性和持久性，可以通过面部特征实现个体识别。

四、健康检测与疾病诊断

随着我国集约化养殖程度的不断加强，畜禽发病率逐年增加，对我国畜禽业的健康发展产生了巨大影响。为了实现畜禽群发普通病监测标准化、诊疗智能化、预防控制系统化的理念，智能化健康检测系统通过数据挖掘、人工智能、决策预测、模式识别等技术对采集的畜禽舍的环境数据、疾病图像数据、声音数据、体温数据等进行分析处理及业务逻辑决策，能够实现畜禽的远程疾病诊断。

　　畜禽养殖场频繁出现的呼吸系统问题，可能是由于居住空间环境恶劣或某些疾病感染所致。Berckmans 实验室开发了用于咳嗽声音检测的算法和检测系统 SoundTalk，通过声音数据采集、信息提取、采用深度学习、机器学习等多种方法对声音数据进行分类等过程来实现在复杂养殖环境下的咳嗽声音检测。在鸡舍中，传染性支气管炎、禽流感、传染性鼻窦炎等疾病是常见疾病。图 9-6 为鸡的咳嗽声检测系统，通过声音监测，配合可穿戴无线传感器测量对体温、采食量和运动量等的多源信息监测来有效识别鸡的健康状况。目前，在养鸡生产中，由于鸡的数量众多，可穿戴传感器因其成本较高，还不适合在大规模禽群中广泛应用。

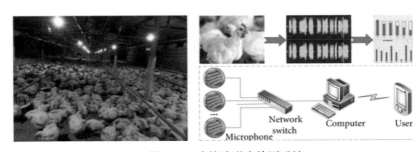

图 9-6　鸡的咳嗽声检测系统

第四节　"吃得好吗？"——精细化饲喂

　　传统养殖采用人工饲喂的方式，随着规模化养殖的不断发展，畜禽数量越来越多，通过人工饲喂已经很难满足规模化、健康养殖的要求。精细化的饲喂方式可以根据畜禽实际生长阶段、营养需求等，进行个性化饲喂方案定制，按需自动配料、下料，提高饲料利用率及料肉比。

一、精准饲喂站

精准饲喂系统对动物的健康生长具有重要作用，合理分配进食时间和灵活把控饲料质量，可以有效减少动物的应激和器械损伤，降低动物疾病发生率。智能精准化饲喂站依据母猪、仔猪、育肥猪和犊牛等不同对象，具有不同的喂养装置。

（一）哺乳母猪的自动饲喂站

哺乳母猪的自动饲喂站可以为每头母猪提供个体化精准饲喂，有效提高猪只健康，形成哺乳母猪智能化饲喂系统，在标准饲喂数据的基础上实现个性化精准饲喂，采用多餐次供给方式可有效提高母猪最大采食量。

（二）保育猪智能化饲喂系统

保育猪智能化饲喂系统可根据不同日龄段保育猪提供适合口感及成长的粥料，实现仔猪断奶到保育的完美过渡。根据猪只数量、日龄生成饲喂曲线自动进行饲喂下料量累计统计、自动清盘等功能，通过红外遥控器可进行远距离操作设备。营造健康消化环境，减少疾病发生。

（三）育肥猪饲喂站

育肥猪饲喂站通过耳标进行猪只个体识别，进而记录采食信息。根据育肥猪体重生长曲线，经过大数据分析和智能算法的处理，针对不同的个体现有体重增长率和最佳料肉比等信息，给出个性化定制喂养方案。

（四）犊牛饲喂站

犊牛饲喂站采用每头犊牛分开饲喂的方式，实现精准化饲喂。以荷兰 Lely 公司犊牛精准饲喂站为例，根据不同日龄的犊牛所需的营养物质和不同个体饲喂曲线及体重状态等指标，对不同日龄的犊牛和不同的个体定制精准饲喂方案，设计喂奶量、鲜奶量、代乳粉量和代乳粉浓度的差异喂养。犊牛饲喂机内置报警系统，可自主监测犊牛的喝奶时间、喝奶速度、终端喝奶的次数和体重变化等，能够根据犊牛的不同行为，向牧场主提供不同的报警信息，以提醒牧场主去关注表现不正常的犊牛。

二、饲喂机器人

畜禽养殖类机器人可以在规模化养殖场完成自主导航行走、识别动物行为、定向跟踪作业等任务。常见的饲喂机器人有喂料机器人和推料机器人，喂料机器人又大体可以分为轨道式和自走式。轨道式喂料机器人可由轨道牵引和供电，在固定喂料轨道上行走并投喂饲料。

例如，加拿大 Rovibec 公司研制的轨道式饲喂机器人，提供装料仓，能够自动装载饲料，在舱内将饲料进行混合搅拌并进行饲料分配，配备有推料铲实现推料功能，还能够人工设定饲喂时间、饲喂次数和饲喂方案，机器人按照预设参数自动完成整个饲喂过程。

荷兰 Lely 公司研制的自动推料机器人，能够将远离奶牛采食区间的饲料推回到奶牛可采食的区域。安装有超声波感应器，可以感知与牛栏的距离并按预设的距离行进推料。牛场可以通过软件自由预设该距离。例如，距离牛栏从远至近逐渐推料到其底部，内置的电感式传感器一方面保证其准确按照预设路线行进；另一方面也可以判定充电站的位置，推料机器人无论是白天还是夜间均可准时按照预设时间为牛只推送饲料，不仅节省体力和时间让农场主可以处理牛场其他的管理工作，还有利于增进牛只采食量，从而提高产奶量和质量。

此外，瑞典 DeLaval 公司的一款智能搅拌推料机器人，内置导航系统能够确保在养殖场内按照饲料所在区域行走。先进的感应装置，在遇到人或牛等障碍物时停止前进，在确认路障排除时继续前行，因此能够很好地保障人和动物的安全。除了能自动推料，这款机器人还能够将草料搅拌，以增加草料口感。

三、智能饮水

饮水对于动物来说起到调节体温和运输营养的作用，部分治疗所需的药物也通过饮水的方式获得。智能饮水系统首先保证水源的干净卫生，能够根据不同的猪群，给母猪、仔猪和育肥猪提供不同的供水装置和供水方案，供水方案包括水量、温度、安装位置和水流量等的设计。

第五节　"养殖乐园"——无人化智慧养殖工厂

无人化智慧养殖工厂是实现智慧养殖的更高形式，它应用自动化、智能化、数字化的养殖管理技术，打破传统的养殖模式，开创绿色安全、生产高效、环境友好、布局合理的畜禽养殖产业新格局。

一、楼房养猪工厂

新型的楼房养猪打开了智能化、规模化、立体化养猪的新视野，比传统平层养殖模式更易实现统一高效的管理，距离实现无人化智慧养殖工厂更进一步。图 9-7 为湖北省首个楼房养猪项目，建设两栋 26 层高养殖大楼，每栋大楼建筑面积为 39 万平方米，是全国单体面积最大、运行效率最高的楼房养猪示范基地，年出栏生猪 120 万头。相较于平房养猪，用地的面积仅占普通养殖模式的 5%，节约了 95% 的用地面积。

图 9-7　湖北省首个楼房养猪项目

在楼房养猪模式中，饲喂、粪污清理、通风控制及环境管理全部实现自动化、智能化的生产方式。智能精准化饲喂系统可以按照妊娠母猪个体化需求精准饲喂，根据保育猪的日龄差异提供适合口感及成长的粥料，对育肥猪定量饲喂减少饲料浪费，提高肉料比。采用立体式集中通风方式，对舍内的温湿、空气质量等环境因子实现精准、高效、自动管控。采用智能机器人实现猪舍自动清理消毒工作，自动清粪系统可以按照时间控制，自动收集粪便及尿液，实现集粪过程固液分离。猪的粪便都被收集、重新利用，用来生产沼气和发电，传统的废物得到充分利用。养殖过程中排放的臭气实行统一出口集中过滤、消毒处理，减少对周边环境的污染。

欧美等发达国家设施养殖机械自动化程度高，信息化、智能化技术应用于畜牧养殖各个环节，已建成多种养殖环境自动监控系统平台，形成了适合不同饲养规模和区域特点的生产模式，特别是生猪、奶牛、蛋鸡养殖的少人化生产已有规模化应用。我国相关研究基础薄弱，装备智能化程度不高，核心部件和高端产品依赖进口。目前，我国无人化养殖发展虽然具备了一定基础，但大部分还处于探索阶段。

二、生猪养殖大数据平台

在国内，生猪产量对于中国的农业和民生都具有重要的影响。为促进生猪产业健康长远发展，原农业部发布了《农业农村大数据试点方案》，提出利用大数据技术构建生猪价格调控机制，汇聚生猪全产业链数据，通过分析模型和关联分析技术，加强生猪价格周期波动规律研究。"猪周期"主要表现为猪肉价格上涨，刺激农民积极性造成供给增加，供给增加就造成肉价下跌，肉价下跌打击了农民养殖的积极性，又造成了供给短缺，供给短缺又使得肉价上涨，周而复始，这就形成了所谓的"猪周期"。这种经济现象导致"价高伤市民，价贱伤农民"的周期性怪圈。21世纪以来，已经完成了四轮"猪周期"的价格循环，大致表现为每四年循环一次。因此，在大数据技术迅猛发展下，需要建立一种基于数据分析，并能对肉产品的质量提升、价格预测等业务有效支撑的数据管理方式。大数据的出现，让生产落后、效率低下、成本高的生猪产业跨入数据化、智能化时代，迎来了全产业链转型发展的新机遇。

　　大数据平台的最终目的是为养殖企业提供数据与决策管理支撑。养殖企业可以根据大数据平台下收集的全国不同规模猪场的样本数据，以及在大数据平台下对数据进行处理分析后所给出的行业分析报告，找到自己在行业中的水平和位置。根据大数据所提供的市场分析报告，制定适合自身的企业运营方案，从而提高生产效率、降低成本。

　　生猪大数据平台不仅可为生猪企业提供精准的供求信息，还可以为养殖散户、农民提供价格的预测和预警信息，以指导小规模养殖户的生产计划。对于消费者来说，将区域性或全国的养殖数据统一管理，能够做到从养殖场到餐桌的数据可追溯，在人民日益追求饮食安全品质的现代社会，食品安全可追溯的肉类产品会占据更多的市场空间。

三、京东智慧养猪

　　我国每年有 7 亿头生猪出栏，占世界出栏量的 55%，但是饲料成本却是美国的 2 倍，人工成本是美国的 5 倍，并且每年出栏率小于 50 头的养猪散户占据了大部分市场。随着规模化养殖趋势的到来，加上智慧化养殖手段的兴起，各大科技公司看准智慧养殖市场的潜力，京东、网易、阿里等科技企业纷纷入局智慧养猪。

　　京东农牧智慧化养猪系统利用 AI 技术、物联网技术、大数据技术等，构建神农大脑、神农物联网和神农系统，结合养殖巡检机器人、饲喂机器人、3D 农业级摄像头等先进设备，打造智慧养殖全产业链，最终实现网络化、数字化、智能化的智慧养殖解决方案，预计节省饲料 8% ~ 10%，节省人工成本 30% ~ 50%，缩短出栏时间 5 ~ 8 天。

　　京东的智慧养猪解决方案从智能巡检、精准饲喂、环境管理、疫情监测等 4 个方面实现养猪全过程的智慧化。通过智能巡检设备，实现对活体的运动追踪、行为播报等功能，实现远程的控制和监察，减少人力成本，实现高效养殖。智能巡检模块根据全天监控设备获取的猪的视觉信息，实现对活体的运动追踪、行为播报等功能，实现智能化的活猪监控。精准饲喂模块能够根据猪只的日龄、体况生成饲喂计划实现自动饲喂，同时也可以个性化的定制饲喂方案，有效提高饲料利用率，降低成本。环境管理模块通过猪舍布置的环境传感器，实时监测环境数据，通过智能分析，实时调节及预警，保证猪只生活环境的适宜。疫情监测模块利用声音识别技术、图像识别技术全方位监控猪只异常状态，通过大数据技术从历史疾病监测数据中挖掘分布规律等信息，为疫病防控提供数据支撑。

参考文献

[1] 姚继红. 智慧养殖管理模式在养猪生产中的应用 [J]. 畜禽业，2022，33 (9)：33-35.

[2] CHEN C, ZHU W, STEIBEL J, et al. Recognition of aggressive episodes of pigs based on convolutional neural network and long short-term memory[J]. Computers and electronics in agriculture, 2020 (169)：105166.

[3] RUSK C P, BLOMEKE C R, BALSCHWEID M A, et al. An evaluation of retinal imaging technology for 4-H beef and sheep identification[J]. Journal of extension, 2006, 44 (5)：1-33.

[4] TROKIELEWICZ M, SZADKOWSKI M. Iris and periocular recognition in arabian race horses using deep convolutional neural networks[C]//2017 IEEE international joint conference on biometrics (IJCB). IEEE, 2017：510-516.

[5] KUMAR S, PANDEY A, SATWIK K S R, et al. Deep learning framework for recognition of cattle using muzzle point image pattern[J]. Measurement, 2018 (116)：1-17.

[6] ZHAO K, JIN X, JI J, et al. Individual identification of holstein dairy cows based on detecting and matching feature points in body images[J]. Biosystems engineering, 2019 (181) : 128−139.

[7] LIU L, LI B, ZHAO R, et al. A novel method for broiler abnormal sound detection using WMFCC and HMM[J]. J. Sensors, 2020 (4) : 1−7.

第十章 ◉ ∙ ∙ ∙

设施农业

　　设施农业是乡村产业振兴的基础和重要抓手，通过发展设施农业可以有效提高土地利用率，提升农业经济价值，促进农民增收。相比于大田农业，设施农业克服了传统农业靠天吃饭、抗自然灾害能力弱等问题，依靠现代装备设施和技术手段为种植或养殖提供更加适合的环境，再通过人工智能、物联网技术及作物模型等技术，实现农业生产的机械化、精准化和标准化，承载数字农业、智慧农业、节水农业、环境调控、蔬菜生产及营养健康等诸多科技成果应用。

　　小谷是一个地地道道的东北人，在农业大学毕业后，一直想回到家乡东北北大荒，为家乡的农村建设出一份力。北大荒是中国的粮仓之一，但是随着城市化进程的不断加快，越来越多的人离开农村去城市谋生，导致农村劳动力短缺，农业生产成本上升。小谷想要通过设施农业这个解决方案来提高农业生产效率，降低生产成本，推动家乡的农业发展。然而与当地的种植户进行交流时，当地的农民对设施农业并不了解，认为这是一种高科技农业，与他们无缘。于是，小谷拜访了智能农业专家苏教授。苏教授认为设施农业是解决粮食安全问题的有效途径之一，设施农业技术可以利用现代科技手段，创造出适宜粮食生长的环境条件，从而提高粮食的产量和品质，从根本上解决粮食安全的问题。例如，利用设施农业技术进行水稻育秧不仅可以提高水稻的产量和品质，还可以缩短生长周期，使得水稻能够更快成熟，这对于东北地区的水稻种植来说尤为重要，因为东北的水稻生长周期较短，一旦错过了适宜的生长期，就很难再获得高的产量。在交流中，苏教授向小谷展示了他带领的团队所建设的水稻智慧工厂，从这里种植出的水稻秧苗，既保证了农时，又保障了秧苗品质，农民直接跟苏教授预定秧苗，有效解决了水稻秧苗供应问题。

本章讲解了设施农业的概念和关键技术，通过垂直农业和鱼菜共生两种种养方式介绍立体设施农业，对各国设施农业进行举例介绍，同时分析了设施农业的发展趋势。

第一节　设施农业的概念与发展历程

一、什么是设施农业

设施农业是指利用工程技术手段和工业化生产的农业，设施农业能够通过农业物联网技术为植物生产提供适宜的生长环境，使其在舒适的生长空间内健康生长，从而获得较高经济效益。设施农业属于高投入高产出，资金、技术、劳动力密集型的产业。它是利用人工建造的设施，使传统农业逐步摆脱自然的束缚，走向现代工厂化农业、环境安全型农业生产、无毒农业的必由之路，同时也是农产品打破传统农业的季节性，实现农产品的反季节上市，进一步满足多元化、多层次消费需求的有效方法。

设施农业可以满足消费者对新鲜、高品质粮食和蔬菜水果的需求，同时还可以扩大农产品供应，降低生产成本，提高农民收入。因此，在现代农业中，设施农业已成为一种重要的农业发展方向。随着科技的不断进步和应用，设施农业的形式也在不断发展和改进。目前，设施农业已经涵盖了多种作物的种植，如粮食、蔬菜、水果、花卉、草坪等，并且已经应用于多个领域，如农业、食品工业和环境治理等。

二、设施农业发展历程

图 10-1 展示了全球设施农业的发展历程，从古代农业生产技术演变至今，从简单的遮阳、避雨、防风、保温等传统设施，到温室、光伏、水肥一体化等技术应用的现代化设施，设施农业在不断地创新与进步。

设施农业的发展历史可以追溯到古希腊和古罗马时期，当时人们在室内种植某些植物，以满足贵族的饮食需求。在 19 世纪初，欧洲开始兴起设施农业，使用温室来种植植物，以扩大产量、改进品质。随着时间的推移，设施农业得到了越来越多的关注和应用，成为现代农业的重要组成部分。

20 世纪初，荷兰开始大量使用温室种植花卉和蔬菜，并将其扩展到其他欧洲国家。在 20 世纪 50 年代，美国和日本也开始使用设施农业技术，主要是用于果树和蔬菜的种植。20 世纪 60 年代，日本成为设施农业的领导者之一，广泛使用温室和高科技技术种植蔬菜和水果。

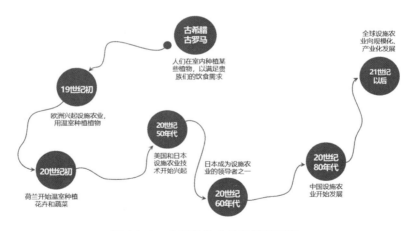

图 10-1　全球设施农业的发展历程

近年来，设施农业在世界范围内得到了快速发展，主要得益于科技的进步和应用，如自动化技术、生物技术、环境控制技术等。这些技术的应用使得设施农业的种植和管理更加精细和高效，提高了农产品的质量和产量。

　　在中国，设施农业的发展也经历了不同的阶段。20 世纪 80 年代，中国开始使用温室种植蔬菜，但是规模较小。进入 21 世纪后，随着人们对食品质量的要求越来越高，设施农业得到了更多的关注和发展。目前，中国的设施农业已经逐渐发展成规模化、产业化的现代农业形式，涵盖了多种作物和领域。

第二节　设施农业建设关键技术

　　根据设施农业建设及产业需求，设施生产全流程中关键技术与先进装备集成应用涵盖数字化秧苗、蔬菜种苗、叶菜的智慧工厂化生产等，高度交叉融合装备制造、人工智能、机器人等现代新兴智能化技术与秧苗生产全过程，通过创建数字设施农业生产管控平台，保障数字设施农业生产的低成本、高效率、智能化运行。

一、温室设计

　　设施农业建设的最基础部分首先是温室设计，包括温室结构设计、材料选用、通风、遮阳、保温等方面的技术，旨在提高温室的光照利用率和通风效果，减少能源消耗。温室常见主体结构包括单跨温室、锯齿形温室、文洛形温室。

　　单跨温室的特点是不依附于其他建筑结构，单位设施面积的建设投资最低，加温和通风系统投资较高，机械化生产的成本高，占用土地面积大；锯齿形温室的特点是天沟以上的屋面有一部分为垂直面，自然通风效果最好；文洛形温室的特点是每跨 2 ~ 4 个小屋脊，用连接到天沟柱上的桁架托梁支撑，能最大限度地提高温室采光性能和能源利用的效率。

　　除了主体结构之外，配套装备一般包屋括屋顶开窗通风系统、侧翻窗通风系统、湿帘风机降温系统、天沟集露系统、外遮阳系统、内遮阴系统和保温系统。

二、设施农业智慧管理系统

农业物联网是设施农业发展的高级阶段，是集新兴的互联网、移动互联网、云计算和物联网技术为一体，依托部署在农业生产现场的各种传感节点（环境温湿度、土壤水分、二氧化碳、水质传感器、视频等）和无线通信网络实现农业生产环境的智能感知、智能预警、智能决策、智能分析、专家在线指导的整套系统，为农业生产提供精准化种植、可视化管理、智能化决策。农业物联网如图10-2所示。

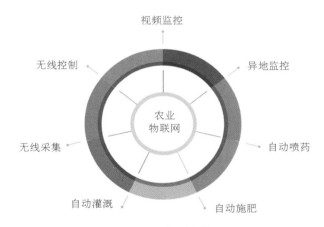

图 10-2　农业物联网

智慧设施农业管理系统覆盖设施农业生产经营管理各环节，连接基地所有传感器、智能设备、信息系统等，汇聚投入品、产出品、生产任务、生产过程、人员、仓库、成本等各类数据，构建环境智能调控、水肥精准管理、精准作业、生产任务管理、市场分析等智能模型，打造设施农业生产经营数字化管理中枢，实现生产经营全过程的自动预警和辅助决策，提高生产经营管理效率，智慧设施农业关键技术如图10-3所示，包括传感器技术、网络通信技术、信息处理技术和自动控制技术等。

图 10-3　智慧设施农业关键技术

三、数字化育苗

选育高产抗病性强的品种是高产的一个重要关键环节，数字化育苗技术主要应用于水稻、茄果品、花卉等的育苗。针对适宜采用育苗移栽的蔬菜品种，如茄果类蔬菜、瓜类蔬菜和豆类蔬菜等，可在育秧时期之余，使用立体育秧架进行栽培，提高设施空间利用率。通过苗床系统和照明系统、水肥一体化灌溉系统分离式作业，开展的播种、催芽、炼苗等不同作业流程中，立体育苗架任何位置苗盘都可单独无人化转运，减少人力消耗。目前育苗的方式主要是传统平铺式、垂直立体式及垂直循环立体式。

平铺式育苗即在传统大棚中进行育苗，主要依靠太阳光，环境可调控性相对较低，且同样的占地面积下育苗效率较低。

垂直立体式育苗可提高出苗量，但受其结构限制，下层幼苗吸收光照较少，长势不均匀，需要补充大量光源进行调节，增加了生产成本和调控难度。

垂直循环立体式数字化育苗技术，采用"V"字循环立体式结构育苗，使秧苗可以均匀的吸收阳光，同时进行少量补光使苗情长势良好，结合环境监测数据包括光照、温度、湿度等，实现数字化育苗。垂直循环立体式数字化育苗技术既能提高同等面积下育苗的效率，又能保障苗情长势良好，同时还能降低生产投入并提高土地利用率。因此，数字化设施农业建设选择垂直循环立体式数字化育苗技术最为合适。

四、育秧苗床土基质化替代

针对目前存在的育秧苗土稀缺，营养土配置程序烦琐，苗土处理、播种等过程工艺复杂，各环节衔接自动化程度低等问题，传统营养土育秧技术逐渐向以秸秆等可再生性植物资源为原料的水稻基质育秧技术过渡，此项技术包括育秧土基质替代、基质物理特性（颗粒大小、密度、厚度、配比）、基质无害化（高压、静电等）高效灭菌技术及装备应用验证，以及秸秆等基质破碎、成型、播种一体化设备的研究，可解决育苗播种过程复杂、自动化程度与生产效率低等问题。

育秧苗土基质化替代技术可省去取土、施肥等多重工序，操作简单，只需在基质上"播下种、浇上水"即可育出健壮秧苗。基质育出的秧苗具有以下优点：苗素质好，抗逆性较强；秧苗移栽后无缓苗期，与插秧机兼容性强，栽插效率高；技术简单、成功率高；可避免土传病害，预防立枯病和青枯病的发生。

同时，针对蔬菜育苗播种环节工序复杂、耗时费力、育苗土成本高等问题，利用秸秆、沼渣等基质替代传统苗床土育苗，将基质处理、成型、播种等工序形成一体化流水线式作业模式，通过一体化自动化流水线式播种设备，完成严格符合农艺标准要求的自动化、均匀、精量播种，工作效率可提高 4 ~ 5 倍，为蔬菜的工厂化育苗和生产奠定良好基础。

基质育秧技术是转变农业发展方式促进农业规模化经营的新手段，能有效控制土壤表土流失、保护耕地资源，是减少农药用量、保障农业生产安全的新措施，可从根本上解决秸秆焚烧问题，保护生态环境，是未来水稻生产全程机械化发展的新趋势，具有广阔的市场前景。

五、智能水肥一体化灌溉技术

传统施肥是通过大水漫灌加混合好的液体肥料来给蔬菜进行冲施，蔬菜吸收效果非常差，因为当大水进入渠沟内土壤的温度会急剧下降到蔬菜根系非常不适应的一个节点，根系如果达不到吸收肥料的一个温度，毛细根会闭气不再吸收养分，很大程度上肥料冲走的多利用的少，并且影响植株长势，理论上单棵植株在每个生长不同时期需要的养分是不同的，大水漫灌的方式是非常不科学、不实用的。

智能水肥一体化灌溉系统架构如图 10-4 所示，通过土壤水分传感器、土壤电导率传感器实时监测土壤墒情，并将采集的数据传输至云平台。通过采集的数据指导农户进行灌溉、施肥等操作。灌溉支持人工控制及云平台自动控制。使用人工控制方式时，操作人员通过墒情数据，自主控制灌溉设备；使用云平台控制时，当采集的数据达到预设值时，平台自动下发灌溉设备控制指令进行控制，实现棚内灌溉自动化。多种灌溉方式可选，最大化匹配实际的应用环境，提升种植效益。

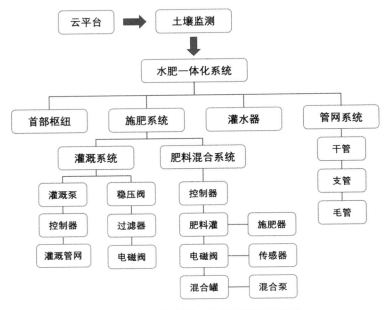

图 10-4　智能水肥一体化灌溉系统架构

六、智能转运机器人控制技术

智能转运机器人控制技术主要应用于数字化设施农业育苗过程中秧苗的无人化转运，自主移动机器人由固定在相应地方的机械臂、机械手及顺着轨道移动的搬运车、AGV 等部分组成，机器人能够减少育苗各环节的人工投入，降低生产成本。

传统型机器人控制技术主要采用室内定位、磁导航、机器视觉等技术，实现机器人定点搬运、无人化转运、自动避障等功能。这种机器人对环境要求较高，场地、光照、环境等对其影响较大。

基于人工智能的转运机器人控制采用多传感器数据融合技术，结合人工智能技术对数字化设施农业的复杂环境及目标进行模型训练与构建，智能识别转运目标，实现精准抓取与高效转运，同时也提高了机器人工作的安全性与可靠性。基于人工智能技术的转运机器人对复杂环境有较高的适应性，尤其是针对不同目标可做出智能判断提高设置农业生产效率，因此选择基于人工智能的智能转运机器人控制技术。

七、智能补光技术

育苗过程中经常因弱光、低温环境导致幼苗徒长，影响幼苗质量，补光是控制幼苗徒长、提高幼苗质量的有效措施。虽然补光可以优化幼苗的长势，但针对不同作物补光的时长、波段、光照强度都有区别。

传统补光技术都是采用相同强度模拟自然光进行补光，且不同作物均采用同样的方式进行补光，无法实现精准智能调控。智能补光技术，是根据不同作物需要光照的时长、强度、时间等建立对应数据关系及模型，结合自然光照射强度进行合理补光，因此采用智能补光技术可以实现对不同作物的精准补光，使幼苗长势良好。

八、叶菜产后管理

叶菜产后管理是指根据市场需求及时对叶菜进行采收，将叶菜按大小分级装盒装箱、预冷保鲜、智能称重、智能包装，配置农产品安全追溯系统等，实现蔬菜采摘全过程的智能化、信息化，建立面向不同消费群体的多等级叶菜产后智能管理。

叶类蔬菜以叶片及叶柄为产品，含白菜、油菜、生菜、甘蓝、韭菜和茴香等品类。采摘应综合考虑单产、销售价格、成品率等因素，及时调整采收标准。多数叶类蔬菜采收没有严格标准，判断叶菜是否适合采收，多以品相、品质、损耗率低为依据。

叶菜尽量采取低温采收，易于保持叶菜的品质。对于在大棚内生长的叶菜来说，它们不容易受到露水、雨水等易腐烂因素的影响，同时对于基质化替代营养土生长的叶菜，也不用进行清土处理，易于保鲜。为了保证品质，减少高温造成的叶绿素损失，降低贮运销环节的腐烂发生率，可采用冷库、差压、真空等预冷方式，快速降低菜体温度。没有快速预冷设备的，可采用传统方式降低菜体温度。没有配备冷藏车辆的，可用冰瓶、冰袋、蓄冷板、冰利膜等辅助措施降温，叶菜最适保鲜温度为 0 ~ 5 ℃。

好的包装能避免机械损伤，减少腐烂等问题发生，从而保持叶菜品质，降低叶菜的损耗率。叶菜常用的包装方式包括打捆、包装纸、包装盒、保鲜袋、保鲜膜包裹。气调包装为新型包装方式，通过调整包装内气体组成，达到抑制呼吸的同时，又可避免发生厌氧问题，减少黄化、褐变、腐烂等问题发生，大幅降低叶菜损耗率，减少经济损失，延长货架期。

最后运输环节采用冷藏车辆运输，应在装车前 2 小时打冷，确保装车时降至要求温度，运输配送过程保持适宜温度。常温运输配送，应选择低温时间段运输，并采取冰瓶等辅助降温措施，同时尽可能减少运输时间。运输包装方式合理，减少机械损伤，降低呼吸热，叶菜装入数量不超过每个包装总体积的85%，包装内留有适宜空间，便于气体流动。电商配送有条件的可采用冷链配送，没有冷链条件的可加入冰袋等措施进行降温。

九、设施生产环境检测与智能管控平台

对设施生产过程的生长环境、长势、病害、水肥进行检测，建立基于生长环境及长势信息等数据及设备运行状态，融合人工智能等技术的数字化设施生产全过程智能管控平台，开展技术及装备示范与应用，平台架构如图 10-5 所示。

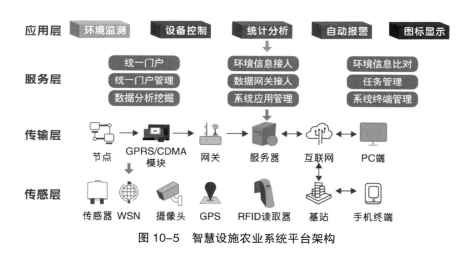

图 10-5 智慧设施农业系统平台架构

智慧设施农业环境监控系统是一种利用先进的技术手段，实现对农业生产环境进行实时监控和管理的系统，如图 10-6 所示，系统特点如下。

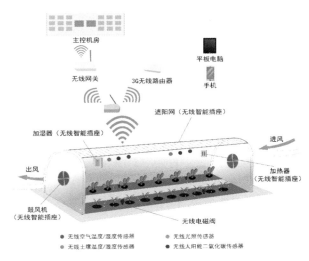

主控机房

平板电脑

无线网关　3G无线路由器　手机

遮阳网（无线智能插座）

加湿器（无线智能插座）

进风

出风

加热器（无线智能插座）

鼓风机（无线智能插座）

无线电磁阀

● 无线空气温度/湿度传感器　　● 无线光照传感器
● 无线土壤温度/湿度传感器　　● 无线太阳能二氧化碳传感器

图 10-6　智慧设施农业环境监控系统示意

①可视化数据平台，用 3D 技术和 VR（虚拟现实）技术推出的在线数字化孪生数据平台，立体化的展示园区及植物生长情况，以 1：1 的比例原样照搬到互联网上，通过全景技术与虚拟现实技术相结合，并衔接后台管理平台关联系统的监测数据和实际数据，建立在线虚拟园区。

②数据监测系统，平台可以实时采集气象、温室环境信息、土壤、作物生理等信息。

③物联网控制系统，通过多参数信息融合的决策策略，自动控制电控柜内的控制模块、交流继电器等设备，并自动形成数据报表及相应的统计信息报表等功能，对作物生长进行相应的预测、预警，提出相应的防治管理措施，提升温室作物生产管理水平，提高作物产量与品质。

④水肥一体机联动系统，在园区内部安装智能水肥灌溉系统，通过手机 APP／小程序和 PC 端云平台实现对园区灌溉施肥的远程控制和依据云端大数据自动化控制，节水灌溉，合理配肥保障土壤肥力。

第三节　立体种养设施农业

立体种养是指充分利用时间、空间等多方面种植或养殖条件来实现优质、高产、高效、节能、环保的农业种养模式。具有集约土地用地及充分挖掘土地、光能、水源、热量等自然资源的潜力，同时提高人工辅助能的利用率和利用效率，减少有害物质的残留，提高农业环境和生态环境的质量，通过利用多物种组合，可以同时完成污染土壤的修复和促进农业的发展，从而建立起经济与环境相融合的特点。常见的立体种养模式有垂直农业和鱼菜共生。

一、垂直农业

垂直农业通过可再生资源和温室技术等手段模拟作物在生长过程中所需的水、阳光及温度等，促进农作物的生长，对满足高密集度城市生活、维护粮食安全、保障供应链的稳定、确保农业生产的可持续性有着极大作用。垂直农业的出现是为了让城市的资源与空间得到充分利用。数据显示，一座占地仅有 1.3 万平方米、58 层高的"垂直农场"，其产量相当于一个四百多万平方米的传统农场，足够为三四万人提供一年的粮食和蔬菜。

植物工厂是垂直农业发展的高级产物，目前，植物工厂主要分为太阳光植物工厂和人工光植物工厂。太阳光植物工厂，是在半封闭的温室环境下，主要利用太阳光或短期人工补光及营养液栽培技术，进行植物周年生产的现代化植物种植园。而人工光植物工厂则是在完全密闭可控的环境下，采用人工光源与营养液栽培技术，几乎不受外界气候条件影响，进行植物周年生产。

不可忽视的是，人工光植物工厂不适合我国国情，普及率不高，原因在于，推广植物工厂难的不是技术，而是如何降低建设成本和运营成本。《植物工厂系统与实践》一书介绍说：在人工光植物工厂中，人工光照明设备在所有设备成本中占比例最大，尤其完全采用 LED 光源的植物工厂，LED 费用往往占到设备总成本的一半左右。这还只是前期高昂的建造成本，后期维护及生产运营成本同样不容小觑。目前，生产运营成本主要包括电费、各种材料（营养液、种子、CO_2 气肥）费、工人劳务费、物资运输费、人员管理费等。一个 1 万平方米、四五米高的工业厂房改造成人工光植物工厂，一年耗电在 1300 万千瓦时以上。高耗能已经被视为影响植物工厂发展的主要瓶颈之一。

因此，主要利用太阳光或短期人工补光的植物工厂是符合我国国情及提高农产品产量的最有效模式。风能、太阳能等绿色能源的整合也为提高垂直农业的能源效率带来了新的希望。目前，垂直农业发展过程中，电力的使用使成本剧增，但随着技术的革新，越来越多企业正在开发并使用绿色能源。其中，Bowery Farming 就 100% 使用包括水电在内的可再生能源为农场提供动力。作为独立的绿色生态循环系统，垂直农业除能对太阳能、风能等可再生能源进行充分利用外，还能让一些无法利用的农作物发挥作用，如利用秸秆、沼渣等基质替代传统苗床土育苗，将基质处理、成型、播种等工序形成一体化流水线式作业模式，通过一体化自动化流水线式播种设备，完成严格符合农艺标准要求的自动化、均匀、精量播种，提高工作效率 4～5 倍，为蔬菜的工厂化育苗和生产奠定良好基础。同时针对不同生长时期的植物品种，可通过轮作的方式进行栽培，提高设施空间利用率。

建筑公司 Sasaki 为上海设计了一个水培垂直农场，绿叶蔬菜将在一个巨大温室内的旋转环上种植。新加坡 Sky Greens 垂直农场是世界上第一个低碳液压水力驱动的热带蔬菜城市垂直农场，采用 A-Go-Gro 型立体循环框架设备，建造于温室大棚中，利用热带地区全年充足的阳光、最少的土地、水和能源进行叶类蔬菜全年种植，实现安全、新鲜和美味蔬菜的可持续生产。

二、鱼菜共生

鱼菜共生是一种生物系统，将循环水产养殖（养鱼）与水培蔬菜、花卉和草药生产相结合，在植物和鱼类之间建立共生关系。它通过使用鱼缸中富含营养的废物为水培生产床"施肥"来实现这种共生。反过来，水培床也起到生物过滤器的作用，可以去除水中的气体、酸和化学物质（如氨、硝酸盐和磷酸盐）。同时，砾石床为硝化细菌提供了栖息地，从而增强了养分循环和过滤水，因此，新鲜净化的水可以再循环到鱼缸中，布局原理如图 10-7 所示。

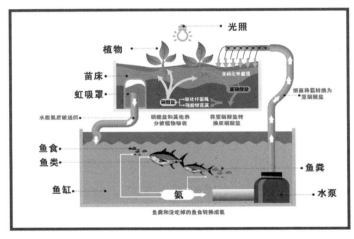

图 10-7　鱼菜共生布局原理

鱼菜共生系统有可能通过实现 3R［减少原料（Reduce）、重新利用（Reuse）和物品回收（Recycle）］成为可持续食品生产的典范。鱼菜共生具有自证清白和带根配送的优势，因为鱼菜共生系统中有鱼存在，任何农药都不能使用，避免了土壤的重金属污染，因此鱼菜共生系统蔬菜和水产品的重金属残留都远低于传统土壤栽培。鱼菜共生系统蔬菜有特有的水生根系，如果鱼菜共生农场带着根配送的话，消费者很容易识别蔬菜的来源。

鱼菜共生的主要技术模式有基质栽培、深水浮筏栽培、营养膜管道栽培和气雾栽培。鱼菜共生系统配置物联网监测平台，可以远程掌控生长状态及生长环境，并根据实时监测数据实现设备的联动控制，保证鱼和果蔬的科学健康生长。平台具有实时进行环境监测、远程控制、超限报警、视频监控等功能。

第四节　设施农业各国案例

一、美国设施农业代表案例

BrightFarms 是一家总部位于美国纽约的垂直农业企业，成立于 2011 年。该公司的宗旨是提供新鲜、可持续、当地生产的高品质蔬菜，以解决现代城市中对新鲜农产品的需求。BrightFarms 使用室内垂直农业技术，在城市中心种植高品质蔬菜。

AeroFarms 是一家总部位于美国新泽西州纽瓦克的垂直农业企业。该企业利用室内农业技术，采用先进的 LED 灯光、水肥循环系统和自动化控制技术，以无土种植的方式在城市中心高楼建筑内种植高品质蔬菜和水果。

AeroFarms 的种植设施通常建在城市中心的老旧建筑内，如旧厂房、商业大楼等。该公司的种植设施采用垂直层架结构，可以在相对较小的空间内实现大量种植。其采用的 LED 灯光系统可以根据不同作物的需求，提供适宜的光照，有效地提高了作物的生长速度和产量。同时，AeroFarms 采用自动化控制系统，实现了精准的温度、湿度、CO_2 浓度等环境控制，保证了作物的生长和品质稳定。

Plenty 是一家总部位于美国加利福尼亚州旧金山的垂直农业企业，成立于 2013 年。该公司利用室内农业技术，以无土种植的方式在垂直层架结构内种植高品质的蔬菜和水果。Plenty 采用了自主研发的垂直农业系统，包括高效的 LED 灯光系统、水肥循环系统和气候控制系统。其种植设施通常建在城市中心，以就近生产、就近销售的方式减少了食品运输对环境的影响。Plenty 的垂直农业系统还具有智能化管理的特点，所有环境参数都可以实时监测和调整，使得作物的生长和产量得到最大优化。

二、荷兰设施农业代表案例

荷兰的"温室之都"威斯兰德（Westland）是荷兰南部的一个地区，也是全球最大的设施农业产区之一。

这里拥有约 2500 家设施农业企业，种植各种蔬菜、水果和花卉等农作物，年产值超过 100 亿欧元，该地区的农民住宅和温室组成了一个独特的景观，被称为"玻璃城市"。

荷兰海牙前工厂屋顶上的农场（Urban Farmers）是一个领先的城市农业企业，它位于海牙的一个历史悠久的前工厂建筑物的屋顶上。该农场利用垂直种植技术和循环水系统，在屋顶上种植各种蔬菜和鱼类，生产可持续和健康的食品，在这个有屋顶的温室里，利用鱼类废物充当肥料的西红柿植株长得比农民还高。

三、日本设施农业代表案例

Spread 株式会社是一家位于日本东京的设施农业公司，成立于 2014 年。该公司使用最新的技术和设备种植各种蔬菜，如生菜、芥菜、茄子等，其农业设施由人工智能控制，可以自动调节温度、湿度和灯光等，提高了农作物的生长效率和品质。

Spread 采用了大量的自动化技术，如使用机器人自动播种、施肥、收获，同时利用物联网技术进行数据收集和分析。此外，Spread 也积极运用 LED 灯和 CO_2 施肥技术，创造了最适合植物生长的环境，保证了产品品质和生产效率。

Spread 的农产品销往超市和餐厅等各类客户，广受好评。该公司还计划在东京市区内建立一个"City Farm"，在城市中心建立垂直农场，实现城市内的可持续农业生产，为城市居民提供新鲜的农产品。

Pasona 的总部建筑是一座 15 层的大楼，其中有两层专门用于设施农业。这些农场使用 LED 灯和自动化系统，为城市居民提供了新鲜的农产品。此外，Pasona 还在其建筑中开展了各种农业研究，如研究提高农作物产量的方法和种植新型农作物等。

四、中国设施农业发展

中国设施农业的发展历程可以追溯到 20 世纪 80 年代，当时中国开始尝试使用温室大棚等设施种植技术来提高农作物的生产效率和质量，中国设施农业的发展历程如图 10-8 所示。

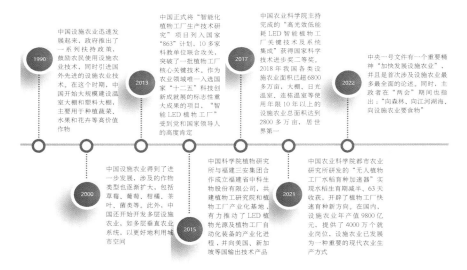

图 10-8　中国设施农业的发展历程

上海崇明岛的温室总面积 65 万平方米，是一座世界级的"智能玻璃温室"植物工厂，种植了各种鲜花、水果、蔬菜、草药等，还有仿真热带雨林、沙漠、高原、海洋等场景。

为广西玉林"五彩田园"农业嘉年华总建筑面积 3 万平方米，包括各类特色植物、奇珍异果、高科技农业栽培技术及农事乐趣。

开封爱思嘉·农业嘉年华占地面积 360 亩，打造了 13 条现代农业产业链，展示了 2000 余种现代农产品，300 余项高新农业技术，200 余项产业模式，100 余项先进农业装备。

中国南和设施农业产业集群河北省南和县史称"畿南粮仓"，南和设施农业产业集群总规划占地面积 140 公顷，预计年产果菜可达 5 100 000 公斤，已逐步发展成为京津冀地区最大的现代农业果蔬生产基地，建成生产、采后分拣包装、物流、销售于一体的现代化农业生产线。随着南和现代设施农业产业集群的不断发展，这里正在逐步成为全国性设施农业涉农物资、设备生产的集散中心。

第五节　设施农业发展趋势

设施农业在全球的发展趋势可以总结为以下几点。

①技术创新与自动化。随着科技的不断发展，设施农业将更加注重技术创新和自动化。例如，智能控制系统、机器视觉、机器人等技术将逐渐应用于设施农业，提高生产效率和农业品质。

②生态环保与可持续。设施农业将更加注重环保和可持续发展，采用可再生能源和绿色生产方式，同时减少废弃物的产生和排放，以实现生态平衡和可持续发展。

③垂直农业。随着城市化进程的加速，垂直农业将成为未来设施农业的一个重要发展方向。垂直农业可以将种植空间向上叠加，大大节约土地资源，同时可以在城市中实现更加便捷的农产品供应。

④多元化农产品生产。设施农业将越来越多地涉及不同类型的农产品生产，如水产养殖、肉类生产、蜜蜂养殖等，实现农业的多元化经营和产业链的扩展。

⑤数字化与数据应用。设施农业将更多地应用数字化技术和大数据，从而提高生产效率，优化决策和预测，实现精准农业和可持续发展。

总之，设施农业在未来将以技术创新、生态环保、多元化生产和数字化应用为主要发展方向，为人类提供更加安全、健康和可持续的农产品供应。

第十一章

智慧水产养殖

　　智慧水产养殖是一种运用现代化技术手段，包括物联网、大数据、人工智能、生物、自动化等技术，对水产养殖进行全面管理和监控的养殖方式。其目的是通过数据采集、分析和决策，提高养殖效益，降低养殖风险，实现可持续发展。

　　小余一直对农业和海洋生态有着浓厚的兴趣，他的梦想是创建一座海洋农场，让人们可以在海洋中养殖各种海产品。为了实现这一梦想，他在大学期间学习了海洋生态学、水产养殖学等相关知识，并在毕业后决定投身于海洋农场的创业中。然而，他发现自己面临着很多问题。例如，如何选择合适的养殖品种、如何进行科学的养殖管理、如何保证水质安全等。在向多位专家请教之后，他了解到苏教授是农业领域内的知名专家，因此他毫不犹豫地向智能农业专家苏教授发了邮件。在一次会面中，小余向苏教授讲述了他的计划，苏教授认为这是一个充满挑战的领域，但同时也有很大的发展潜力。苏教授告诉小余，选择养殖品种是非常重要的一步，应该考虑到市场需求、生长速度、环境适应能力等多个方面，才能保证养殖的成功。此外，苏教授还提供了一些养殖管理方面的建议，如何调节水质、如何防止疾病传播等。在苏教授的帮助下，小余成功创建了一座海洋农场，开始进行养殖业务，并取得了很好的成果。

本章讲解了智慧水产养殖的概念和相关技术，介绍了海洋牧场及智慧农业在海洋牧场中的应用，并提出智慧水产养殖的发展趋势。

第一节　智慧水产养殖的概念与发展历程

一、什么是智慧水产养殖

智慧水产养殖是指以现代科学技术为支撑，信息和知识为核心要素，通过物联网技术、无线通信网络、智能传感养殖设备等与水产养殖深度跨界融合，实现水产养殖生产全过程的信息感知、定量决策、智能控制、精准投入、个性化服务的全新水产品生产方式，打造集约、高效、生态、可持续的现代水产产业综合生态体系。相比传统水产业，智慧水产养殖具有生产规划、日常管理更精准；快速应对各种环境状况，降低灾害风险；有效节省人力、产销成本及能源配置；改善品质与一致性等优势。

二、智慧水产养殖的发展历程

水产养殖是一种人工培育、饲养和收获水生动植物的经济活动，经历了从传统手工养殖到现代化、科技化和环保化的发展过程，不断推动着水产业的发展和进步。图 11-1 为水产养殖的发展历程。

智慧水产养殖的发展历程可以追溯到 20 世纪末和 21 世纪初期，当时主要采用传感器监测水质、氧气含量和温度等参数，并通过远程监控技术对养殖环境进行监测和控制。随着互联网和大数据技术的快速发展，智慧水产养殖进入了一个新的发展阶段。从 2015 年开始，以物联网、云计算和人工智能为代表的新一代信息技术在水产养殖中得到了广泛应用。通过物联网技术，可以实现对水产养殖设备、生产环境和生产过程进行实时监测和远程控制，从而使水产养殖的管理更加高效和精准。同时，通过大数据分析，可以对养殖过程中的数据进行挖掘和分析，为养殖提供更好的决策支持。

图 11-1　水产养殖的发展历程

第二节　智慧水产养殖的模式

自 2000 年联合国粮食及农业组织（FAO）在泰国举办的世界新千年水产养殖大会以来，各国设施水产养殖发展为水产养殖智能化打下了良好的基础。在国外，水产养殖的模式主要包括集约化水产养殖、温室（大棚）水产养殖、工厂化水产养殖、网箱水产养殖等。

一、集约化水产养殖

集约化水产养殖是一种高效的水产养殖模式，它利用现代科技手段，通过建立封闭式养殖系统、优化饲料配方、控制水质、加强疫病防治等措施，最大程度地提高水产养殖的生产效率和经济效益。

相比传统的水产养殖模式，集约化水产养殖具有以下优点。

①减少环境污染，采用封闭式养殖系统，控制废水排放，有效减少对周边环境的污染。

②提高养殖效率，通过优化饲料配方、控制水质、加强疫病防治等措施，提高了水产养殖的生产效率和经济效益。

③保障产品质量，封闭式养殖系统可以有效控制水质，减少水中

污染物的累积，从而提高水产品的品质和安全性。

④提高养殖的可持续性，通过合理利用养殖场内的资源，如光照、氧气、废水等，可以实现养殖的循环利用，提高了养殖的可持续性。

集约化水产养殖是一种现代化、高效、环保、可持续的水产养殖模式，对于提高水产养殖的生产效率、保障水产品的质量和安全性具有重要意义。

二、温室水产养殖

温室水产养殖是一种利用温室技术和循环水养殖技术相结合的水产养殖模式。它在温室内建造养殖池，通过光照、温度、通风等条件的控制，为水产养殖提供适宜的生长环境。同时，循环水养殖技术可以实现水质的自我净化和循环利用，减少对外部环境污染。

温室水产养殖有以下优点：不受季节限制，可实现全年稳定的生产和销售；环境条件可控，可适应多种水产养殖的需要；循环水养殖技术可以减少对外部环境的污染；可以减少能源消耗和养殖成本，提高经济效益；温室内的水产生长速度较快，品质较优。但也存在一些缺点，如建设成本较高，需要投入大量资金；管理难度大，需要对温室环境进行精确的控制；温室内的环境变化可能会影响水产生长，需要进行有效的监测和调节。

所以温室水产养殖需要对温室内的环境进行精确控制，包括光照、温度、湿度和通风等环境因素，以满足水产生长的需要；水质管理是温室水产养殖中至关重要的一环，需要进行严格的监测和调节，以保证水质的稳定和清洁；温室水产养殖需要选择适宜的鱼种、虾种或贝类，以满足市场需求，并且需要注意品种的适应性和生长周期等因素；温室水产养殖的设施需要定期进行清洁和维护，以保证养殖设施的正常运转和水产生长的健康。

三、工厂化水产养殖

工厂化水产养殖是一种大规模、集约化的水产养殖模式，旨在提高水产养殖的生产效率和经济效益，通常采用密集养殖方式，将大量的水产动物集中在一个固定的养殖场内，利用先进的技术和设备，对养殖环境进行精确的控制和管理。这种养殖方式通常能够实现大规模、高效率的水产养殖，同时还能够降低养殖成本和能源消耗。

工厂化水产养殖广泛应用于各种水产动物的养殖，包括鱼类、虾类、贝类等。其中，鱼类的工厂化养殖已经得到了广泛的应用，如淡水鱼类的池塘养殖、海水鱼类的网箱养殖、淡水鱼类的环流水养殖等。

四、网箱水产养殖

网箱水产养殖模式通常在河流、湖泊、海洋等水域中进行，通过在水中悬挂网箱或网笼，将鱼类或其他水生生物放入其中进行养殖，网箱水产养殖模式。

网箱水产养殖的优点如下。

①合理利用水域资源，网箱水产养殖可以利用水域中未被充分利用的空间，提高水域资源的利用效率。

②保护环境，网箱水产养殖不需要在陆地上建设养殖场，减少了土地占用和对环境的影响。

③精准环境控制，网箱水产养殖可以在一定程度上控制水质、温度等环境因素，有利于提高养殖效率和鱼类的生长速度。

④管理方便，网箱水产养殖相对于传统的池塘养殖来说，管理和维护比较方便。

⑤减少损失，网箱水产养殖可以避免水中的天敌和其他危险物质对鱼类的损害，减少养殖过程中的损失。

网箱水产养殖在世界各地都有着广泛应用，特别是在亚洲地区，如中国、越南、泰国等国家，都有大规模的网箱水产养殖业。在海水养殖方面，网箱养殖的对象包括虾、蟹、贝类等；在淡水养殖方面，常见的网箱养殖对象有鲤鱼、鲫鱼、鳜鱼等。

中国自主研发的世界最大的全潜式智能渔业养殖装备"深蓝一号"实现了中国在开放海域规模化养殖三文鱼的突破，也开创了世界温暖海域养殖三文鱼的先河，与"深蓝一号"配套的是养殖工船"鲁岚渔养61699"，这也是中国第一艘养殖工船。养殖工船上有养鱼水舱14个，共2000立方米，首批拉了12万尾三文鱼，吸鱼泵一头连着养殖工船鱼舱，另一头连着"深蓝一号"网箱。

第三节　智慧水产养殖方法与技术

一、智慧水产养殖方法

传统水产养殖步骤包括水准备、苗种选择、水产饲养和护理等，但养殖过程中存在很多问题，如水质检测和管理过程烦琐，取样检测时间过长，无法及时发现水质变化进行干预治理。又如，人们无法准确估计池塘／水箱中剩余的饲料量，剩余的饲料会影响水质；再如，种苗出售时，通常需要人工计数，准确率低且影响水产养殖的效率和利润。因此，应用智慧水产养殖方法，可有效解决传统水产养殖中的问题。

智慧水产养殖是一种智能生产模式，它可以应用物联网、大数据、人工智能、5G、云计算和机器人等技术进行远程自动化控制，以设施代替人工，将多个智能设备集成到一个专门结构化的环境中，实时监测养殖环境参数，最后做出生产决策。

图11-2为智慧水产养殖系统的架构。

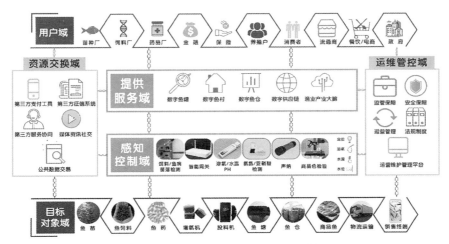

图 11-2 智慧水产养殖系统的架构

二、智慧水产养殖技术

智慧水产养殖技术是指利用现代化信息技术手段，将传统养殖技术和数据采集、处理、分析、应用相结合，以提高水产养殖效率和经济效益。主要的几种智慧水产养殖技术如下。

①水质监测技术，通过安装传感器设备，实时监测水质参数如溶解氧、温度、pH 值等，对水体环境变化做出及时响应，保障水产养殖稳定生产。

②光照控制技术，通过光照传感器监测日照时间和强度，自动调节灯光开关和光照强度，控制水产生长节律和生长速度。

③智能饲喂技术，采用智能饲喂器自动投喂，根据养殖量、季节、饵料质量等参数，自动计算和调整饲喂量和饲喂时间，实现科学精准饲喂，提高饲料利用率。

④远程监控技术，利用视频监控、无线通信、云计算等技术，实现远程监控和远程操作，随时了解养殖情况和控制生产过程。

⑤数据分析技术，通过对水质、饲料、生长速度等数据进行采集、

处理、分析和挖掘，制定科学合理的养殖方案和做出管理决策，提高养殖效益和降低风险。

第四节　海洋牧场

一、海洋牧场的概念

海洋牧场是在特定海域，通过人工鱼礁、增殖放流、生态养殖等措施，构建或者修复海洋生物繁殖、生长、索饵或者避敌所需场所，增殖养护渔业资源，改善海域生态环境，实现渔业资源可持续利用的模式。智能网箱和多功能海上平台都属于海洋牧场的实现形式，海洋牧场可以包括养殖各种水生动植物，如鱼类、贝类、虾类、藻类等，也可以包括采集海洋中的野生水生动植物。海洋牧场与传统陆地上的农业不同，海洋牧场在海洋中进行，需要特殊的技术和设备。海洋牧场不仅可以提供大量的海产品，减少对野生海洋生物的捕捞，同时也可以创造就业机会和促进地方经济发展。但海洋牧场也会对海洋生态系统产生一定的影响，需要注意环保和可持续发展。

二、海洋牧场的发展

20 世纪 30 年代以来，海洋牧场的建设先后经历了以农牧化和工程化为特征的海洋牧场 1.0（即传统海洋牧场）阶段和以生态化和信息化为特征的海洋牧场 2.0（即海洋生态牧场）阶段，海洋生态牧场示意如图 11−3 所示。如今即将进入以数字化和体系化为特征的海洋牧场 3.0（涵盖淡水和海洋的全域型水域生态牧场）阶段。

图 11-3 海洋生态牧场示意（中国科学院海洋研究所）

海洋牧场 3.0 必须坚持"生态、精准、智能、融合"的现代化水域生态牧场发展理念，以保护与利用并进、场景空间拓展、核心技术突破、发展模式创新为特征，构建科学选址—规划布局—生境修复—资源养护—安全保障—融合发展的全链条产业技术发展格局，打造北方海洋牧场"现代升级版"，拓展南方海洋牧场"战略新空间"，开启水域生态牧场"淡水新试点"，支撑国家级海洋牧场示范区建设，引领国际现代化水域生态牧场建设与发展。

三、智慧水产养殖技术在海洋牧场中的应用

海洋牧场和智慧水产养殖都是利用技术手段提高水产养殖效率和品质的方法，但是它们之间有一些区别和联系。海洋牧场通常建在海洋中，而智慧水产养殖可以建在海洋、淡水、室内或者大棚等地方；海洋牧场主要是利用人工养殖方式，通过投喂饲料等方法来促进海洋生物的生长，而智慧水产养殖则是利用一系列的智能化技术，如远程监控、自动喂料、水质监测等来提高养殖效率和品质；海洋牧场的养

殖对象主要是海洋生物，如鱼类、贝类、虾类等，而智慧水产养殖的对象可以是各种水生动植物，如鱼、虾、螃蟹、水生植物等。

智慧水产养殖技术将以下主要技术手段应用于海洋牧场中。

①水质监测技术，通过使用传感器和监测设备来监测海水的温度、盐度、pH 值等指标，及时发现和处理水质问题，保证海洋牧场内环境稳定和生物健康。

②智能喂料技术，通过使用智能喂料器和控制系统，实现对饲料的精确投放和管理，减少浪费，提高饲料利用率和养殖效率。

③智能养殖控制技术，利用自动控制系统对海洋牧场内的温度、光照、水质等环境参数进行自动化调控，实现精准养殖和智能化管理，提高养殖效率和产量。

④远程监控技术，通过互联网和传感器技术，实现对海洋牧场的远程监控和数据采集，及时掌握养殖环境和生物状况，提高管理效率和预警能力。

⑤遗传改良技术，通过基因编辑和选育技术改良水生物种的性状和产量，提高养殖效率和经济效益。

⑥人工智能技术，通过利用大数据和机器学习技术，建立海洋牧场生态模型和养殖预测模型，提高养殖效率和精准管理水平。

⑦智能排泄物处理技术，通过利用微生物和植物等生态技术，将养殖废水中的氨氮、亚硝酸盐等有害物质转化为对生物有利的物质，提高养殖环境质量和可持续发展能力。

⑧网络化管理平台技术，通过建立集养殖管理、环境监测、生产流程跟踪等功能于一体的网络化管理平台，实现养殖生产的全程可视化和信息化管理，提高养殖效率和品质。

四、海洋牧场案例

美国、挪威、日本、澳大利亚、智利等国家的海洋牧场都有自己独特的目标和特点，但共同的目标是提高海洋生态系统的健康和可持续性，同时生产出高质量的海产品。

①美国已经有多家海洋牧场公司在太平洋和大西洋海域展开了养殖业务，其中夏威夷的海洋牧场发展最为迅速，该地区的海洋牧场已经成为美国最大的海洋牧场之一，不断地扩大规模和品种。例如，位于夏威夷的 Kampachi Farms 海洋牧场公司，主要从事养殖各种海鲜产品，包括金枪鱼、鲭鱼、鲷鱼和大马哈鱼等。

②挪威是世界上最大的鲑鱼养殖国家之一，其养殖方式主要为海洋牧场。挪威的海洋牧场利用了其丰富的海洋资源，通过科学的管理和技术的支持，实现了海洋养殖业的快速发展。挪威海洋牧场的养殖环境管理、饲料管理、水质管理等方面技术比较成熟，且在养殖业的可持续发展方面有着较为明显的优势。例如，挪威的 Marine Harvest 公司是一家三文鱼养殖企业，拥有大量的海洋牧场资源。

③日本的海洋牧场主要养殖贝类、海藻和其他水产动物，以及研究和开发海洋资源。日本在海洋牧场技术和管理方面有着较高的水平，通过科学的研究和实践，不断推动海洋养殖业的发展。例如，日本的长崎水产，是日本国立水产研究所的一个分支机构，通过开展海洋牧场技术研究和实践，成功地养殖了鲍鱼、扇贝、鲍贝等高端水产品，为日本的水产养殖业发展做出了重要贡献。

④澳大利亚的海洋牧场主要养殖鲍鱼、龙虾、珍珠等高端水产品，利用先进的科技手段，实现了养殖业的高效、安全和环保。澳大利亚的海洋牧场技术和管理经验在国际上有很高的知名度和影响力，如澳大利亚的 Tassal 公司，采用创新的养殖技术，生产高品质的三文鱼和其他海产品，该公司注重环保和社会责任，通过对海洋环境的保护和管理，为可持续的水产养殖业做出了贡献。

国内海洋牧场代表性案例有山东海洋牧场、大连海岸带海洋牧场、江苏滨海县陶湾海洋牧场、深圳大鹏湾海洋牧场、海南海洋牧场、浙江舟山海洋牧场等，这些海洋牧场都在不断探索新的养殖技术，提高养殖效益，同时也注重环境保护和可持续发展，为促进当地海洋经济发展做出了积极贡献。

第五节　智慧水产养殖发展趋势

随着现代信息技术的不断发展和应用，从以下几个方面分析智慧水产养殖在未来的发展趋势。

①物联网技术的应用，通过物联网技术，将水产养殖场内的各种设备、传感器、监控器等互联起来，实现数据共享和智能化决策，从而提高养殖效率，降低成本和风险。

②大数据分析技术的应用，通过大数据分析技术，对水产养殖场内的各种数据进行深度挖掘和分析，实现精准化管理和高效运营，提高养殖效益和质量。

③人工智能技术的应用，通过人工智能技术，实现养殖环境的智能化控制，生长过程的智能预测和疾病预防控制等，从而提高水产养殖的自动化和智能化水平。

④环保和可持续发展的重视，随着环境保护和可持续发展意识的提高，智慧水产养殖将越来越注重环保、生态友好和可持续发展等方面的需求。

⑤多元化的发展模式，未来智慧水产养殖将会向多元化的发展模式转型，如深海养殖、人工养殖、海水养殖、陆地养殖等，为满足市场需求提供更多元化的选择。

总之，未来智慧水产养殖将会逐步实现智能化、数字化、精准化和可持续化，成为水产养殖业发展的重要趋势。

参考文献

[1] 杨红生，丁德文．海洋牧场 3.0：历程、现状与展望 [J]．中国科学院院刊，2022，37（6）：832-839.

第十二章

中国现代农业发展的
思考与探讨

历史的发展和中国特色社会主义现代化建设的经验表明，没有农业的稳定增长和发展，就没有中国的工业化转型，整个国家的现代化就失去了根基。因此，必须着力实现农业现代化。农业现代化的实现并不一定意味着农业强国的建成。尽管大多数发达国家已经实现了农业现代化，但只有美国、西欧的部分国家、日本等少数国家可被称为农业强国。农业强国不单纯是要实现农业现代化，还应在世界农业发展或粮食安全等重要领域处于领先和强势地位，发挥引领作用和重要影响。从农业现代化到农业农村现代化，从农业大国转向农业强国，是中国全面建成社会主义现代化强国的迫切要求。在此建设过程中，首先要以较高的农业现代化水平为基准，逐步缩小与其他农业强国之间的农业现代化水平差距，要充分认识到中国农业现代化建设目前存在的突出问题，探索出适合中国特色的农业现代化和农业强国建设之路。

第一节　现代农业建设面临的突出问题

全面建设社会主义现代化国家，我国农业农村现代化还有明显滞后的短板和关键。一方面，对标中国式现代化目标任务，三农发展还有不小的差距，需要加快农业强国的建设步伐；另一方面，我国"大国小农"特征明显，农业生产效率和农户收益有待提升，生产经营模式亟待改进，优质粮食全产业链提质增效有待推进，农业生产性服务业亟待发展，农业农村数字化转型迫在眉睫，中国的农业强国建设任重道远。中国粮食及重要农产品短缺，粮食生产和消费长期处于紧平衡状态。保障粮食和重要农产品稳定安全供给始终是建设农业强国的头等大事。我们要清醒地认识到农业强国建设的长期性、复杂性和艰巨性。我国目前的国家粮食安全战略仅能解决国内基本供给，在世界农产品市场中基本没有话语权，粮食单产和生产成本与国际先进水平差距较大，农业生产经营模式亟待升级，农户增收难度加大，农村劳动力快速减少，农业可持续发展面临艰巨挑战，必须通过数字化智能化技术予以有效应对。长期以来，我国现代农业发展还存在一些突出问题。

一、生产要素底数不清

构建现代农业经营体系，核心是发挥多种形式农业适度规模经营引领作用，形成有利于现代农业生产要素创新与运用的体制机制。建立新型农业体制机制就需要有清晰的农业生产要素（土地资源、劳动力、资本等）作为支撑。

（一）土地资源

中国虽然地大物博，但随着人口的增长，人均耕地面积逐渐减少，形成了细碎化的耕地模式，形成了大多以家庭为生产单位的耕种方式。与美国家庭农场的生产模式相比，中国的规模化种植的数量少、规模小，这种小农户的生产单位造成土地种植机械化推广程度低、生产水平低。农村发展缓慢，农户发展也几乎处于停滞阶段。各地区自然条件不同，适宜种植的作物不同，农业生产结构不清晰，分布不合理。

（二）劳动力

当前我国农业仍以农户为生产经营单位，而农户土地经营规模小、机械化程度低，劳动力流失严重。由于城乡发展不平衡、差距过大，农民在农村进行耕作的收益率较城市的非农工作收益率低很多，所以，农村大多数劳动力选择流向城市，而且大多数在城市接受高等教育的农业类型人才完成学业后选择留在城市发展，造成农村青壮年劳力严重缺乏。

（三）资本

小农户大额贷款难，资金投入少，小农户无法通过贷款获得大额资金发展现代农业，农村中只有小额信贷等贷款方式，缺少融资渠道。小农户的经济基础较弱，经营范围单单局限在农业，农业的收益程度较低，导致农村金融发展难、贷款难。因为贷款难，小农户无法获得资金投入进行发展，有能力发展现代农业的农业大户又缺乏资金去拓宽经营范围，因此限制了农业的发展。另外，基层农业部门在对新的农业技术进行推广时，也经常会面临经费不足的窘境，导致即便有了新的农业技术，也不能将这些技术应用到基层农业生产过程中。

二、生产效率低

我国现代农业发展存在能源消耗高、资源紧张、土壤遭受破坏、地力下降、农业装备现代化技术不成熟、科技应用落后等诸多问题。

（一）生产经营规模小，产业化程度低

生产端土地小规模分散经营阻碍农业机械化进程。由于中国特色的家庭联产承包责任制的推行及人口现状等原因，中国80%以上的土地使用权在2.6亿的小农户手里，耕地分散、块状明显、农业机械化、规模化进程受阻。中国土地经营属于典型的小规模主导型，小规模土地经营者所占比重高达93%，远高于世界水平，但农业生产经营规模小、

产业化程度低，加上农产品质量不高，导致近年来农业生产成本居高不下，严重影响了农业效益和竞争力的提高。

（二）农业装备现代化技术不成熟

现代农业生产是以农业机械化生产为基础的。欧美发达国家在20世纪已经全面实现了农业机械化。目前，发达国家农业装备朝着大型化、多功能、高效率和复式联合作业方向发展，注重节约资源、保护环境、控制智能化和操作自动化，并广泛采用数字化设计、信息化管理和柔性制造等先进技术，实现了从粮食生产机械化向全面生产机械化的过渡，并正在快速进入以信息技术应用和可持续发展为特征的高级阶段。新中国成立以来，我国农机装备和农业机械化得到了巨大发展，农机工业体系基本形成，并成为世界农机制造大国。但我国农业装备技术还有很多短板：一是大型智能农机装备和关键农机装备尚不能完全满足现代农业发展的迫切需求；二是原始创新匮乏，底盘共性技术供给缺失，关键核心技术对外依存度高，一些高性能、高技术含量和高效率的大马力高端智能农机装备及关键核心零部件还长期依赖进口；三是农产品加工技术与装备水平低、基础弱，农产品原料品质难以保证；四是国内农机行业缺乏创新性强的大型企业，具有国际竞争力和品牌影响力的大型企业集团严重缺乏；五是农业装备与技术行业创新人才严重不足，缺乏可持续创新的能力；六是农机装备智能化程度低，以农业物联网、传感器、导航定位等现代科技为支撑的智能化农机装备较少。

（三）农业资源利用率低，农业资源浪费严重

中国的农业资源利用效率相对较低，农业资源浪费严重。农业生产中存在着大量的资源浪费和过度使用现象，如化肥、农药、饲料等的过度使用，造成土地、水、空气等环境污染，增加农业生产成本。此外，由于缺乏科学合理的农业规划和管理，农业资源利用效率低下，农业生产效益不高。

（四）土壤遭到破坏，地力下降

我国基础地力贡献率 50%～60%，比发达国家低 20%；农业用水占 61.5%；农业源污染排放占 50% 以上；化肥占全球 35%、农药占全球 50%，是世界平均用量的 4 倍；地力下降 29.5%，土地污染 10%，土壤退化 40%，在保障粮食安全的压力下，耕地保护与资源错配。

三、生产过程数据收集不完善、信息不对称

数据已成为继土地、劳动力、资本、技术之外的第五大生产要素，数字化转型是大势所趋，已成为推动我国高质量发展的重要路径。随着新一轮科技革命和产业变革的不断深入，人工智能等新一代信息技术成为经济社会发展的核心驱动力和新动能，数据成了经济发展的新要素，支撑数字经济发展。目前，我国农业农村领域数字经济比重明显偏低，缺乏农业全产业链（产、购、储、加、销）数据的有效、全面收集。由于数据收集不完善，造成农产品种植、农产品运输销售渠道、农业信贷、农业科技、农业产业政策等农业生产经营活动信息不对称，农户很难根据市场需求及时调整种植结构与产品产量，生产带有较大的盲目性，使得农产品供给短缺和过剩周期现象交替出现。

四、农业生产过程监测不成体系

农业生产过程分为产前、产中和产后环节，流程冗长而且复杂。涉及农资供应、生产种植、农副产品加工、农产品交易等环节。现代农业生产过程的监测不成体系，在生产过程中，虽然在某阶段对农业生产进行监测，但农业生产过程复杂，制约因素众多。通过研制农业智能传感和控制系统、农业装备、田间作业使用的农机自主系统等，建立和完善了一体化的智能农业信息监测系统，建立了使用典型农业信息大数据的智能决策分析系统，但是目前未能形成完备的生产全过程监测。

五、"小农"思维与落后的生产经营模式

（一）"小农"长期占据农业主体经营地位

目前，我国仍是以小农户为主要农业经营主体的国家，且从全球来看，中国是超小规模的农户经营。目前的小农户经营弱势性逐渐凸显，主要表现为生产实力太弱、难以应对市场竞争；分散经营，难以参与现代农业发展；兼业经营，缺乏引进先进技术的动力。因此，随着现代农业科技的发展，小农户生产经营存在的组织化程度低、规模经营不足、技术支撑有限等问题更加凸显。

（二）新型农业经营主体未脱离"小农"思维

新型农业经营主体是指具有相对较大经营规模、较好物质装备条件和经营管理能力，劳动生产、资源利用和土地产出率较高，以商品化生产为主要目标的农业经营组织。通过推动土地流转，培育新型农业经营主体，着力解决"谁来种地"的问题，充分发挥新型农业经营主体的组织优势，加强其社会化服务能力建设，着力解决"如何种地"的问题。

以家庭农场、种植大户、农民专业合作社、龙头企业为代表的新型农业经营主体区别于我国传统小规模、半自给经营的家庭农户，在很大程度上改善了小农经济的局限，但仍存在较大问题，本质上并未真正脱离小农思维，表现为 "空壳化"、作用小、带动弱的问题较为突出；各主体间联结仍不畅，合作共赢意识不强；运行不规范，利益分配机制不完善。

因此，应大力扶持和培育具有欧美和日本"农协"性质的农业统筹组织，各类农业经营主体将在该组织的统筹下组织生产经营。这种状况与我国农业供给侧结构性改革、保障粮食安全、满足消费升级的需要不相适应，亟待推进小农户的现代化改造，把小农经营引导到发展现代农业的轨道上来。

六、农业生产性服务业欠发达

从全球视角比较来看，现在的中国农业大而不强，"大国小农"国情下的小规模甚至超小规模农业生产经营模式，严重制约着农业农村发展和中国式农业强国建设。我国粮食主产区农业生产组织化程度较低，农业生产性服务业欠发达，农资靠经销商，卖粮靠经济人。

粮食收购市场全面放开后，农村粮食经纪人从小到大，从弱到强，迅速发展壮大。粮食收购模式的改变，不仅方便了农民群众，也左右了国有粮食企业的粮源，增加了企业对粮食经纪人的依赖。现在有的收储企业控制着近百名粮食经纪人，更有人形象地比喻：谁掌握了粮食经纪人，谁就掌握了"粮源"。粮食经济人的存在既方便了农民，又方便了粮食收储企业，成为粮食收购市场的"香饽饽"。但存在的问题较为突出，表现为：存在"花粮"问题，粮食收购质量不一；信息不对称，压价坑农，扰乱市场秩序；农户缺乏议价权，经销商将风险转嫁给农户。

此外，农户的核心诉求不再是一味追求增产，而是找到销路。经销商在生产端和市场端之间起到桥梁作用，但从目前农产品供需现状来看，经销商提供的服务已经无法充分满足农户的实际诉求。

综上所述，造成我国现代农业建设面临上述突出问题的主要原因，首先是信息不对称、未摸清底数，因此，应进行农业生产要素（土地、人、农作物）的全面摸底，以掌握并快速定位一手粮源。未来，粮食"经纪人"将向贸易商转变，或在"农协"组织中进行整合，统一收购标准及约束机制。其次，农民缺乏市场意识，产销信息不对称，种养殖存在较大盲目性，同时，营销管理体系不健全，对市场供求信息了解不足，缺乏通畅的信息渠道，是造成以上问题的主要原因。因此，应适时开展以产定销的订单农业模式，并提供大宗农产品的电子交易平台，促进产销对接和农产品公平交易，在该模式下，经销商已不再是不可或缺的存在。未来，农产品"经销商"将向大型贸易商转变。

第二节　现代农业发展路径解析

　　中国现代农业建设要体现中国特色，立足我国人多地少的资源禀赋，农耕文明的历史底蕴、人与自然和谐共生的时代要求，走中国式现代农业发展的道路，不简单照搬国外现代化农业强国模式。要依靠自己力量端牢饭碗，依托双层经营体制发展农业，发展生态低碳农业，赓续农耕文明，扎实推进共同富裕。

　　我国幅员辽阔、农业资源分布差异巨大，中国式现代农业建设要突出农业高质量发展核心内涵的同时必须依据区域特色分类施策，将粮食及重要农产品生产摆在优先位置。一是粮食及重要农产品生产主要依靠三大粮食主产区13个粮食主产省，特点是平原地区。在这些地区现代农业应是按照规模化—产业带—产加销一体化—全国统一大市场的路径来建设。二是其他地区，在保障粮食生产同时，重点发展"一村一品、一县一业"等精细化生产追求高附加值，发展特色农业，由中国现代农业建设成为中国式农业强国，其核心内涵和共同目标是通过农业农村的数字化转型构筑发展新动能，大力发展农业生产性服务业，掌控产业链，攀上产业链中高端。在此建设过程中，需要充分发挥市场的主导作用，构建完善的数字农业体系，打造新型农业产业发展模式，实现由现代农业建设成为中国式农业强国的转变。

一、发挥市场主导作用

　　从世界各国农业现代化历程看，农业商品化是农业现代化的起点，现代农业的发展历程几乎与农业的商品化、市场经济同步发展，从这一意义上讲，现代农业是发达的市场农业。农业要实现现代化，必须把推进农产品的市场化作为重要的实现手段，通过国家宏观调控下市场对资源配置的基础性作用，优化资源配置，促进生产要素合理流动，促进农业科学技术的进步，从而使农业获取最大的社会效益、经济效益和生态效益。

农业现代化的核心是现代科学技术的进步和综合生产力水平的提高，农业技术的进步，最终表现在农产品单产水平的提高和适应市场需要的品种更新及品质优化上。在市场机制的作用下，由于种植水果、蔬菜等经济效益高，水果蔬菜的技术进步较快，它们在品种更新速度、先进实用栽培技术的推广应用，以及基础设施建设和化肥、农膜使用量等方面，都显著高于种粮种棉的水平。

现代农业建设离不开市场经济、商品生产这一重要基础的推动。市场经济和商品生产是现代农业建设的结果，市场经济是现代农业建设的重要基础。市场经济是推动现代农业发展的最基本的经济体制，在现代农业建设过程中，这一经济体制的作用主要体现在以下两个方面。

第一，明确并始终维护农业生产者作为生产资料占有者和自主生产者的主体地位和利益不可侵犯性，产权清晰和自主生产的不可侵犯性是现代农业生产赖以发展的前提条件，1978 年前后我国农业生产发展出现两种完全不同的结果，很好地诠释了为什么现代农业的建设必须以此为前提。

第二，市场经济体制在明确产权的基础上，将生产结果与生产者收益密切结合起来，并给予了最大限度的保护，调动了生产者的生产积极性和创造性，为农业生产的不断发展提供了源源不断的动力。

在我国现阶段的现代农业建设过程中，出现粮食生产的集聚效应具有逆经济性，产粮大区经济贫困，9 个粮食主产省人均 GDP 低于全国平均水平，2021 年我国进口粮食约 1.7 亿吨，约占我国粮食总量的 20%。因此，要加大对粮食主产区的支持，实现粮食主产区粮食生产发展和经济实力增强有机统一、粮食增产和农民增收齐头并进。以我国三大粮食主产区 13 个粮食主产省为主体，构建以国内大循环为主体，国内国际双循环相互促进的全国粮食统一大市场，深化粮食生产经营市场化改革，建设高标准市场体系，对粮食主产区的经济社会发展及整体推进共同富裕，都具有重大而深远的意义和影响，对新型农业经营主体的发展及壮大，也提供了最为广阔的空间。全国粮食统一大市场是促进粮食主产区实现共同富裕的重要抓手，它将有助于打通制约农村发展与粮食产销的关键堵点，以更大市场活力凝聚更大发展合力，助力实现粮食产业整体提档升级。粮食统一大市场对于实现国家粮食安全具有重要作用，对国外农产品的需求，将有望在统一大市场的引导下，在国内循环中得以解决。

二、构建数字农业技术体系

现代农业产业正向数字化、网络化、智能化加快转型。数字农业以新一代人工智能等信息技术的快速发展为依托、以数字经济和智能经济形态为显著特征、以壮大农业生产性服务业为手段、以农业提质增效和农业现代化发展为根本目标，涵盖农业全产业链条的数字化、智能化服务技术体系，是当今科技革命和产业变革背景下农业现代化发展的核心关键要素和创新驱动力。

数字农业是将数据作为新的农业生产要素，用现代信息技术对农业对象、环境和全过程进行可视化表达、数字化设计、信息化管理的现代农业。数字农业使信息技术与农业各个环节实现有效融合，对改造传统农业、转变农业生产方式具有重要意义。例如，农业生产前，对于种什么、种多少、价格如何等问题，依据以往的大数据可以精准地预测出来。农业生产中，除了做到标准化生产，还应该尽可能实现实时精准地有效管理。有了以数据为基础的设施设备，就可以实时精准地使用投入品，使其更有成效。农业生产后，电商是典型代表，实现了更快更高效的销售，解决了农民卖不出去等难题。通过大数据、人工智能等手段实现了对农业产前规划、产中作业、产后销售等全方位优化管理，对于以传统小农户为基础的生产方式带来了巨大改变和提升。构建现代农业技术体系，建设中国式农业强国要依靠科技和改革双轮驱动。我国粮食主产区农业生产组织应该以数字化与智能化发展为核心驱动力实现弯道超车，重点是实现产区的数字化，包括育种信息化、耕地保护利用数字化、农业装备智能化、农业生产无人化等，优先发展产区数字化，力争打破信息壁垒，去中间化，实现产销对接，提升产销两端效益（利益再分配、粮食主产区进入产业链中高端、掌控产业链）。在宏观管理决策方面率先实现智能化（由生产驱动型转变为消费驱动型），进而推动生产经营模式的进化升级。同时加大科技创新力度，积极推进智能化生产，只有实现我国农业的质量效益提升，才能夯实我国参与国际农业竞争的底气。

三、打造新型农业产业发展模式

着眼富民之要，建强经营体系。强农是为了强国，也是为了富民。大国小农是我国的基本国情农情，带动2亿多小农户现代化转型，必须创新农业经营方式。要培育新型农业经营主体，在坚持农户家庭经营的基础上，以农民合作社为中坚、农业产业化龙头企业为骨干、农业社会化服务组织为支撑，通过联农带农实现强农富农；要健全农业社会化服务体系，支持小农户通过股份合作、生产托管等多种形式参与规模化、产业化经营，共享农业现代化成果。

目前，在家庭承包经营责任制总框架下，经过二十多年来的积极探索，农村已自发形成了多种生产经营模式，如家庭农场、农民专业合作社、农村集体土地股份合作制、农村集体资产股份合作制等。这些经营模式是自发组织形成，国家政策法律认可的有组织的规模化现代农业经营模式，虽然其经济效益明显高于原来的小农户家庭经营模式，但是仍然不能充分地将土地高效利用和农村劳动力有效组织有机结合起来。

因此，需要以数字化技术为核心打造新型农业产业发展模式，从农业生产"全产业链"消费者的需求为导向，加快生产型农业向消费驱动型农业的变革。

农业全产业链的发展主要以企业的农产品生产基地与市场为依托，通过企业的专业生产基地带动农户的生产，发挥区域农业的生产优势，在该市场区域与农业生产区域内形成优势的农业生产基地，并充分运用"互联网＋"开展网络销售与经营活动。全产业链要求企业或者农户的生产能够依据严格的生产标准来执行，进而形成一个完整的农业产业供应链。

从长远发展的角度来看，农业企业将取代农户、家庭农场与种植大户、农业专业合作社，成为最具竞争优势的一类农业生产经营主体，因其具备相对优越的资金及专业技术环境，且可掌握相对通畅的粮食销售渠道。为此，应积极推进传统农业生产组织形式变革，实施"农业企业＋基地＋合作社＋农户（普通农户、家庭农场、种植大户）"复合主体的组织形式，各主体的地位如下。

农业企业在该经营模式中占据主导地位，负责保证农产品（食用农产品、原字号产品）的销售渠道问题，同时牵头成立企业直辖生产基地，直接负责对生产基地日常工作的下达与监督。

基地负责成立自有的专业合作社或与现有合作社建立合作关系，通过合作社与农户签订订单，锁定粮源，避免了直接面对数量众多、情况不一的农户。另外，基地负责向合作社及农户下达企业种植任务，并派驻专人直接负责合作社及农户的日常管理与监督。

合作社作为连接企业和农户的桥梁，一方面在播种前和农户签订订单，并通过盈余返还、股金分红、工资等措施降低农户违约风险，为企业获得资源；另一方面通过向入社农户提供信息指导和技术服务，促使农户标准化生产，提高农产品质量。

农户则在种植前与合作社签订订单，通过土地入股、代耕代种等方式提供土地资源，以日常性工资、入股分红等方式获得稳定收入。

在该模式下，各生产经营主体责任明确，利益分配合理，生产经营活动的开展高度集约化，适应市场需求的变化，有利于实现相关生产经营主体共赢的局面。

因此，必须通过更深层次改革加速推进农业生产经营模式的进化升级，将小农户有效融入现代农业产业体系中来，切实提升农户在农业产业体系中的参与度和收益权，实现农业生产经营效益提升与区域经济高质量发展的统一、与农户增收的统一，全面提高农业产业体系的韧性和稳定性，全面带动粮食主产区经济高质量发展。

第三节 加快建设农业强国的必要路径

全面推进乡村振兴是新时代建设农业强国的重要任务，人力投入、物力配置、财力保障都要转移到乡村振兴上来。要全面推进产业、人才、文化、生态、组织"五个振兴"，统筹部署、协同推进、抓住重点、补齐短板。产业振兴是乡村振兴的重中之重，要落实产业帮扶政策，做好"土特产"文章，依托农业农村特色资源，向开发农业多种功能、挖掘乡村多元价值要效益，向一二三产融合发展要效益，强龙头、补链条、兴业态、树品牌，推动乡村产业全链条升级，增强市场竞争力和可持续发展能力。我国发展最大的不平衡是城乡发展不平衡，最大的不充分是农村发展不充分。这种不平衡不充分已成为城乡经济循环的堵点，不仅制约着我国超大规模市场潜力的释放，也影响了双循环的健康可持续运行。加快建设农业强国是解决问题的重要抓手。要通过让农业强起来、农村美起来、农民富起来，打通工农城乡循环的堵点，释放出巨大的改革红利和发展动力。

一、农业强国的核心内涵

中国式农业强国的核心内涵是农业农村领域的全面数字化转型。我国数字农业发展绝不能照搬发达国家的发展路径，必须走中国式道路，以实现粮食主产区的数字化转型为第一要务，为在更高层次、更高水平保障国家粮食安全构筑发展新动能。一直以来我国农业主要承担着为国民提供食物的重任，时至今日我国口粮生产能力与需求仍处于紧平衡状态，加上全球最大的粮食储备量可以确保我国口粮安全。2021 年，我国进口大豆等原粮近 1.7 亿吨，占全年粮食总消费量的20% 以上，大豆是主要的植物蛋白直接来源和动物蛋白的间接来源，我国蛋白质对外依存度高达 40%，即使仅仅从保障国内的粮食需求上看，我国粮食安全形势也不容乐观，如果从服务于国家全球竞争战略看则差距更大。因此我国农业的首要功能定位就是要在更高层次、更高水平确保国家粮食安全，在粮食安全问题上绝不能受制于人，在统筹国家发展与安全方面补齐粮食安全的短板。而且在国际现代农业发展和粮食供应体系中要具有较强的话语权，有能力帮助更多的发展中国家特别是非洲国家摆脱个别发达国家粮食霸权的威胁，在服务国家"一带一路"发展倡议和全球竞争方面发挥中国式农业强国 "走出去"的先锋带动作用。

二、农业强国的显著特征

建成中国式农业强国，中国农业必须具备以下几个显著特征。

（一）建设农业强国离不开科技这个重要支撑

突破世界农业科技前沿技术，实现高水平农业科技自立自强，农业关键核心技术自主可控，农业科技达到国际领先水平，农业土地产出率、劳动生产率和资源利用率达到世界农业强国先进水平，农业生产力高度发达。随着城市化进程的快速发展，农村青壮年人口特别是担负着粮食生产重任的农业劳动力正在快速减少。因此，农业的土地产出率、劳动生产率和资源利用率达到世界农业强国先进水平是建设中国式农业强国的必然要求。

数字化是信息化的高级阶段，是在信息化基础层面的再次发展，最终目标是实现智能化。我国农业科技创新要紧紧抓住新一轮科技革命和产业变革的历史机遇，以人工智能等新一代信息技术为统领，以数字化技术为核心驱动力，加快实现我国农业农村领域的全面数字化转型。因此，建设农业强国必须依靠高水平的农业科技创新推动粮食及重要农产品产区的数字化转型，提升现代化物质装备水平来破解资源禀赋约束，不断提高土地产出率、劳动生产率和资源利用率。

（二）农业生产关系与农业生产力高度相适应

农业生产经营模式先进农户收益高、产业链完整、农业生产性服务业发达、区域现代农业一体化协同发展水平高。全国小农户数量占农业经营主体98%以上，小农户从业人员占农业从业人员90%，小农户经营耕地面积占总耕地面积的70%。随着科技的不断进步和农业生产力的不断提高，现行的农业生产关系与农业生产经营模式也必将发生根本性的变化，分散式小规模粗放型生产经营模式必将被集中式规模化精准型全产业链模式所取代，广大农户不仅仅是初级农产品的生产主体，更应该是农业生产性服务业的从业主体、农业全产业链各环节利益增值的获益主体，粮食主产区实现协同发展并处于粮食产购储加销全产业链的中高端，建立全国粮食统一大市场，实现粮食生产发展和区域经济实力增强有机统一、粮食增产和农民增收齐头并进。

（三）保障粮食安全是国家长治久安的战略基石

农业作为国家长治久安战略的基础性地位更加巩固，对保障国家粮食战略安全与可持续发展贡献更大。美国作为世界第一农业强国不惜投入巨资保护其国内粮食生产能力、支持四大粮商控制全球粮食贸易，使农业科技和粮食贸易成为维护其全球霸权和国际竞争的利器。随着我国农业农村被赋予了更加广泛、更加重要的发展任务，农业农村的战略性基础地位将进一步得到加强，在国家战略安全、大国竞争、区域一体化协同发展、经济社会绿色可持续发展、消除贫困实现共同富裕等方面发挥更加重要的引领支撑作用，战略性基础地位将更加稳固。

三、加快建设农业强国的必要路径

（一）区域一体化协同发展

在城乡协作和区域协同发展及共同富裕方面，现代农业高质量发展至关重要。在国家层面抓粮食生产不能完全按照比较优势和效益优先的原则来考虑，在区域经济发展方面，现阶段我国粮食生产的集聚效应具有逆经济性，产粮大区经济贫困，我国 9 个粮食主产省人均 GDP 低于全国平均水平，东北粮食主产区最为典型，产业结构不合理，经济社会发展处于瓶颈期，东北全面全方位振兴任重道远。优质粮食产购储加销"五优联动"全产业链提质增效是粮食主产区建设农业强国和经济社会高质量发展的重要途径，也是推动城乡协作和区域协同发展的重要抓手，初级农产品优质高效的生产及产后服务业、农业智能装备产业、农产品精深加工业、粮食仓储物流业、粮食交易市场等产业集群的构建，有利于粮食主产区进入农业产业链中高端，实现粮食生产发展和区域经济实力增强有机统一、粮食增产和农民增收齐头并进。同时，农业农村既是我国社会发展的稳定器，也为国家经济高质量发展提供了广阔的市场空间和经济腹地，还承担着构筑生态屏障的重要使命。因此，在我国当前新发展阶段，农业发展和农业强国建设已经超越了为国民提供安全健康食物的传统功能范畴，而被赋予了保障国家战略安全、助力国家全球竞争、引领区域一体化协同发展、推动经济社会绿色可持续发展、消除贫困实现共同富裕等多重使命。

（二）农业产业内部的重组融合

农业（种植业、畜牧业、林业）内部各部门之间存在着客观的联系，这种联系对自然环境有很大的依存性。农林牧三结合是有效利用自然资源、形成合理性生态系统的客观要求，也是农业生产良性循环的必要条件。农牧结合是由它们之间的物质互换的必要性所决定，而林业则为农牧业提供了良好的生态环境。

农业内部的种植业、畜牧业等子产业之间，可以以生物技术融合为基础，通过生物链重新整合，形成生态农业等新型产业形态。在信息技术高度发展的今天，重组融合更多地表现为以信息技术为纽带、产业链上下游产业的重组融合，融合后生产的新产品表现出数字化、智能化和网络化的发展趋势。

围绕相关产业，将种植、养殖、畜牧等各产业联合，通过协调各产业之间的发展特点，建立有机联系，整合各产业资源，逐步形成农业循环发展新模式，提升农业产业增值空间。目前，很多地区都在积极推广"畜—沼—果蔬"或稻田鸭、稻田蟹、稻田鱼等种养结合模式，大力实施种养相结合的农业循环，形成了多种种养模式的科学组合，资源高效利用，生产效益最大化的农业发展模式进一步促进了农业产业整合和价值增值。

（三）农业产业链的延伸融合

全产业链模式是农业产业发展趋势之一，也是现代农业产业链的高级形态，能够对产品质量进行有效控制，实现流程管理科学化和标准化。这种模式对企业资源和能力等各方面要求较高，目前，只有一些实力雄厚的涉农企业能够整合各类资源，采取全产业链模式。农业产业链的延伸融合指的是以农业生产环节为核心，沿着农业产业链的方向，通过纵向一体化、签订契约等多种方式加强联合与合作，使得农业产业各环节连接起来，形成紧密联系，协调发展的产业体系。通过产业间的互补和延伸，实现产业间的融合，往往发生在高科技产业的产业链自然延伸的部分。这类融合通过赋予原有产业新的附加功能和更强的竞争力，形成融合型的产业新体系。

"产业融合本质是产业间分工内部化，产业融合的表现是产业间分工转变为产业内分工的过程和结果。"在农业发展实践中，经常采取"农业＋企业""农业＋合作组织＋企业"等产业化组织形式，它不仅使得农业各产业间联系得到加强，同时减少交易费用带来了专业化分工收益。全产业链模式中，企业完全代替了市场进行资源配置，企业的纵向一体化发展打通产前、产中、产后各环节，实现了对整个产业链的控制。

农业与工业的融合形成农产品加工业，拉长了产业链，借助于加工环节，逐步和第三产业连接，形成流通和销售部门。但当农业跨越加工环节直接与第三产业融合时，就会产生融合性的新产业，其中典型代表是农产品短链和农业服务业。农产品短链模式推行"涉农企业

＋基地＋农户"的模式，实现对原材料量和质的控制。服务业与农业的融合形成包括农资配送服务、农机服务、农产品营销服务等产前、产中和产后服务体系，以及"农业＋生产性服务合作经济组织或企业"的组织形式。

世界农业发展实践表明，农业社会化服务体系能够有效连接小农户和现代农业，实现规模化经营，是解决"谁来种地""如何种地"等问题的有效途径。通过农产品深加工进一步推进农业种植的商品化，并以现代农业科技推广及农产品深加工过程中的技术创新拓展农业产业链，并降低其生产成本，提高农产品附加值，是我国农业振兴的必然出路。农业种植的自然区域条件及农业企业发展的要素配置决定了不同地区在农业产业链培育中既有各自优势，也存在先天不足。为此，在现代农业发展中以农业产业链打造为契机，加强区域分工和协作，便成为推动农业产业链发展和提高农业竞争力的基本需要。

随着信息技术快速发展，信息技术与传统的生产、加工、流通、管理、服务和消费等环节融合，极大提升了技术装备水平，完善了农村互联网基础设施和物流体系，延长了农业产业链，催生了大量新产业、新业态，培育了经济新增长点，开发了农业新功能，农业产业化的发展必然促使一大批农副产品加工工业等为农业服务的工业的产生和发展，这些工业的发展又会通过需求和资金、技术等方面的支持促进农业的稳定发展。

打造农业强国需要抢抓新一轮科技革命有利时机，加速推进我国农业产业延链、补链、壮链、强链，向价值链中高端迈进，实现优质粮食及重要农产品产购储加销全产业链提质增效，在更高层次更高水平保障国家粮食安全。

（四）农业与其他产业的交叉融合

基于农业多功能拓展，实现农业与旅游业、文化等产业交叉融合，形成具有融合性的新业态，赋予农业产业体系新的属性，主要包含资源融合方式、产品融合方式和市场融合方式。资源融合方式指的是充分挖掘农业农村自然景观、人文遗迹等资源，促进一二三产之间的融合，带动产业链转型升级，如利用农村自然景观发展农村观光旅游业。产品融合方式指的是农产品多功能的拓展，为适应新的消费需求，农产品价值实现路径发生了转变，导致原有产业链的解构，并通过交叉融合重组成新的具有融合性质的农业产业链，最为典型的是农业与旅游业的融合，形成休闲农业。市场融合方式指的是农产品流通和销售等环节与相关产业的融合，从而带动整个农业产业链的发展。

推进农业与教育、旅游、人文、康养等产业深度融合。一是注重挖掘本地乡土文化资源，将文化融入农业产业链；二是改变传统农业园区向多功能的产业融合集聚地发展，逐步完善其服务功能空间、旅游观光景观、园区支撑体系、园区生态管理4个方面；三是依托"互联网+"推动公共服务向农村延伸，改善农村服务，让游客吃得健康、住得舒适、游得畅快，并愿意留下来多住，同时探索老年康养等服务；四是借助"一带一路"，利用农业资源的差异性和互补性，实施农业国际合作发展战略。

参考文献

[1] 中华人民共和国国家发展和改革委员会农村经济司.现代农业初显发展新格局：探寻乡村振兴之路 [EB/OL].[2023-07-06]. https://www.ndrc.gov.cn/fzggw/jgsj/njs/sjdt/201711/t20171129_1194854.html.

[2] 王卫龙，笪祖林.我国农业装备与技术协同创新研究 [J].农机化研究，2013，10（18）：249-252.

[3] 百度百科.产业融合产业形态与经济增长方式 [EB/OL].[2023-07-06]. https://baike.baidu.com/item/%E4%BA%A7%E4%B8%9A%E8%9E%8D%E5%90%88/2384651？ fr=aladdin.

扫描二维码阅读书中部分彩图